141.

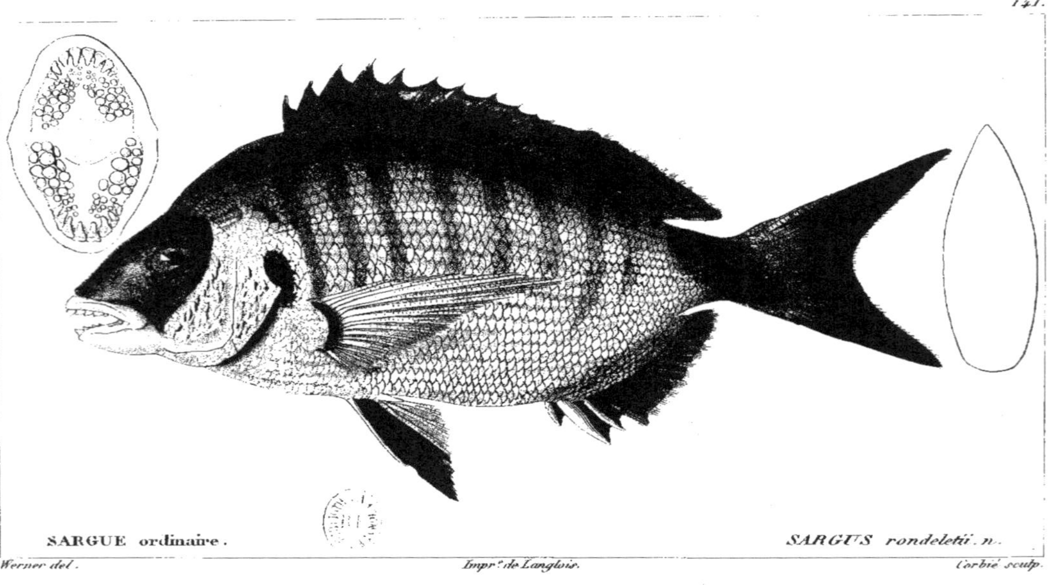

SARGUE ordinaire. *SARGUS rondeletii. n.*

Werner del. *Impr.e de Langlois.* *Corbié sculp.*

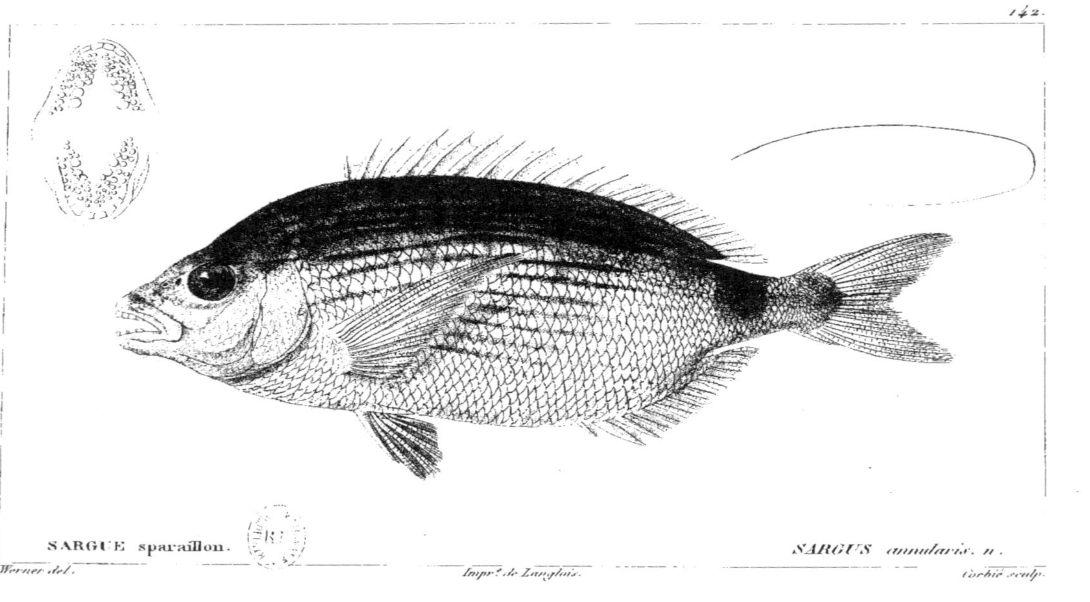

SARGUE sparaillon. *SARGUS annularis. n.*

Werner del. *Impr.^e de Langlois.* *Corbié sculp.*

143.

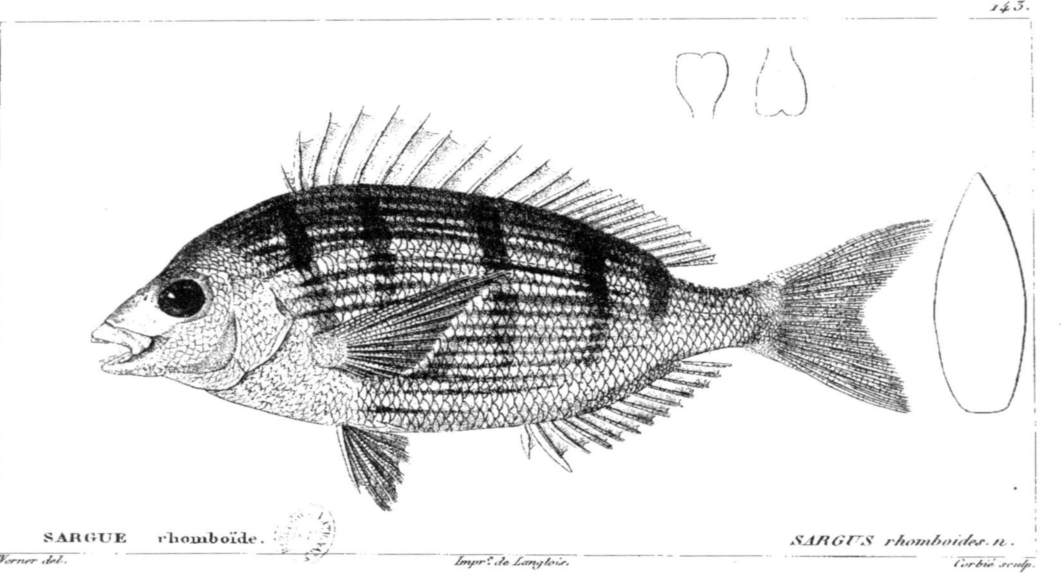

SARGUE rhomboïde. *SARGUS rhomboides. n.*

Werner del. *Impr. de Langlois.* *Corbié sculp.*

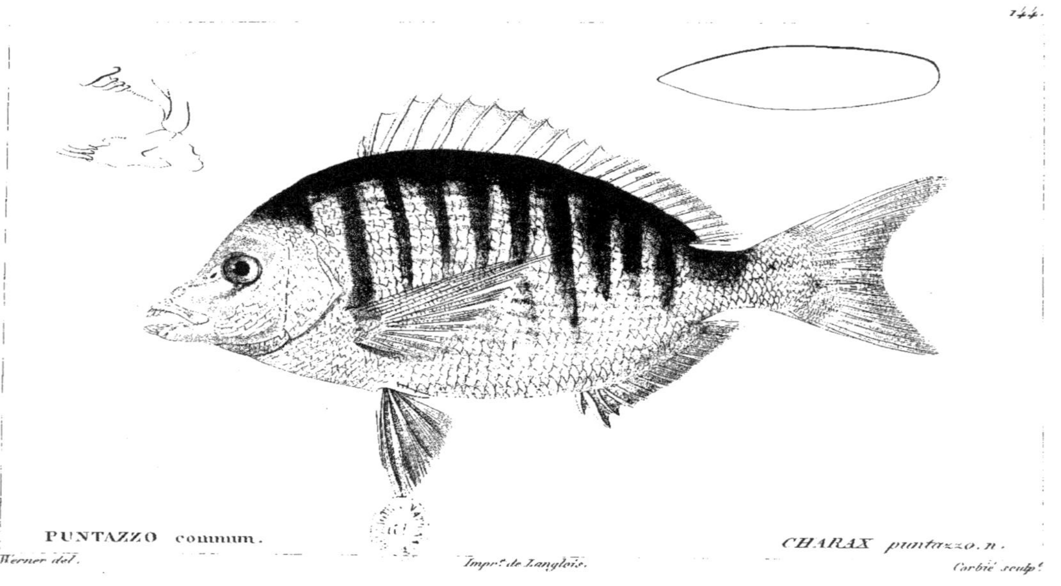

PUNTAZZO commun. CHARAX puntazzo. n.

Werner del. Impr.^t de Langlois. Corbié sculp.^t

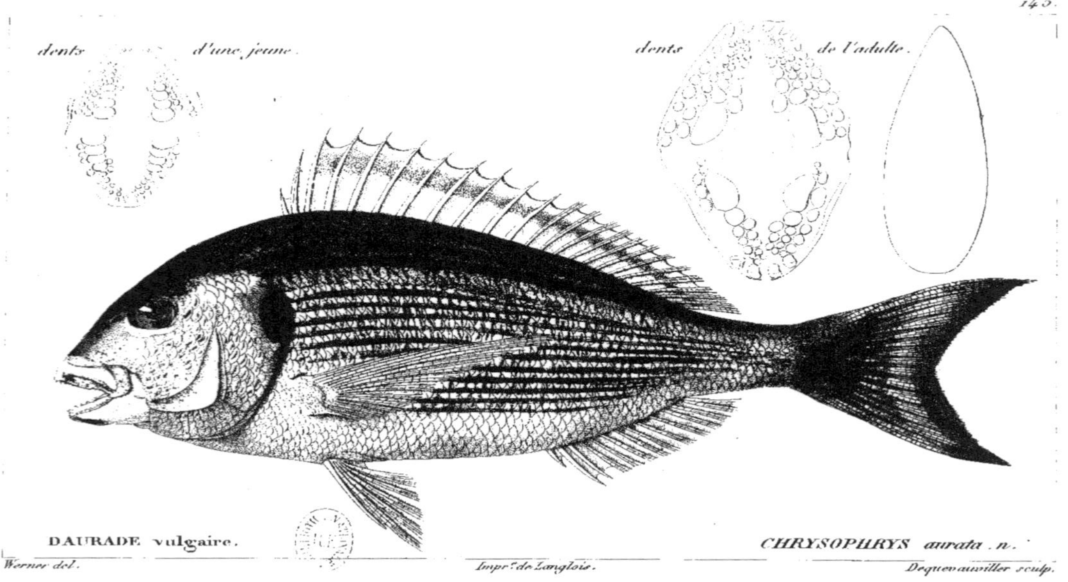

DAURADE vulgaire. CHRYSOPHRYS aurata. n.

Werner del. Impr. de Langlois. Dequevauviller sculp.

146.

DAURADE à museau renflé. CHRYSOPHRYS crassirostris. n.

Werner del *Impr.t de Langlois* *Dequevauviller sculp.*

147.

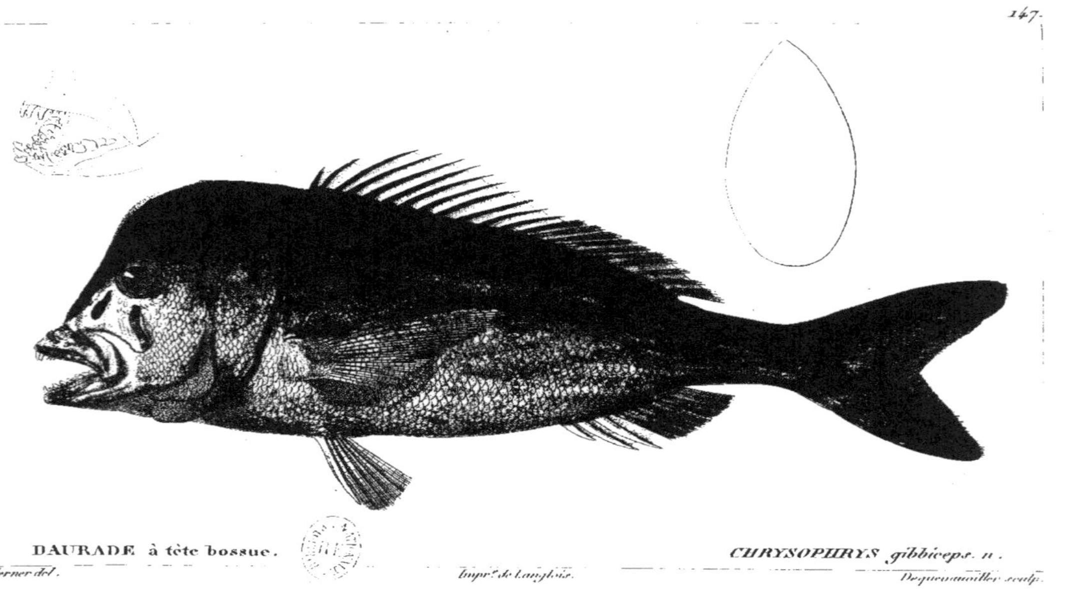

DAURADE à tête bossue. *CHRYSOPHRYS gibbiceps. n.*

Werner del. *Impr.^e de Langlois.* *Dequevauviller sculp.*

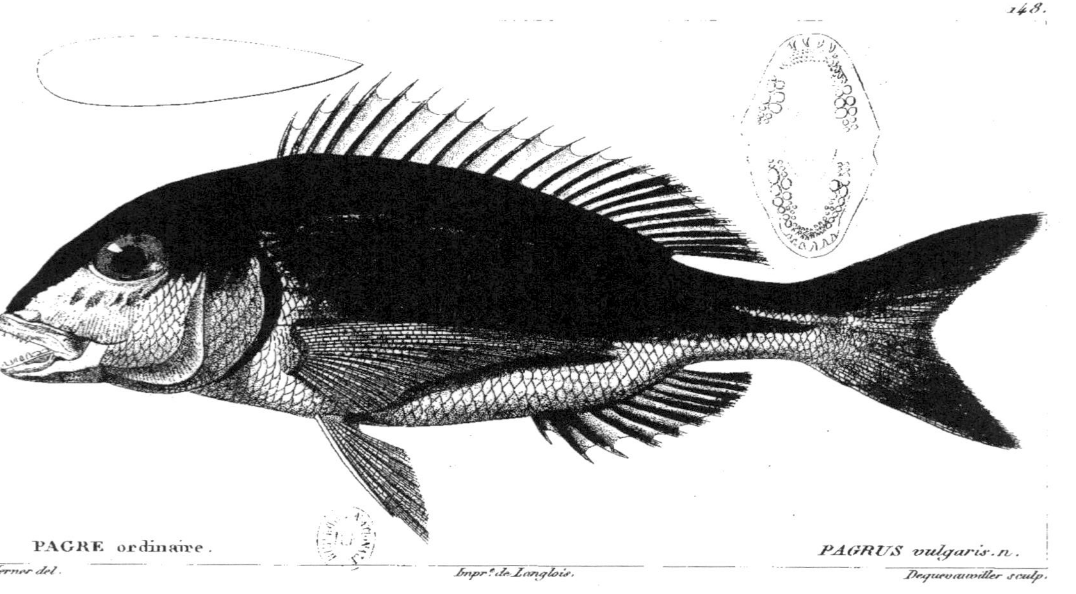

PAGRE ordinaire. PAGRUS vulgaris. n.

Werner del. Impr.e de Langlois. Dequevauviller sculp.

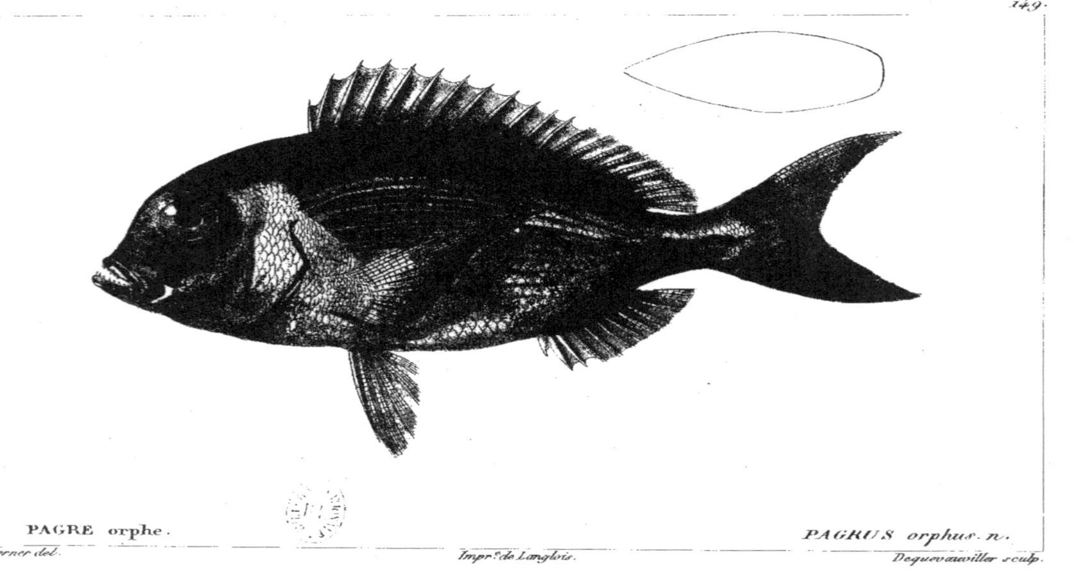

PAGRE orphe. — *PAGRUS orphus. n.*

Werner del. — *Impr.ie de Langlois.* — *Dequevauviller sculp.*

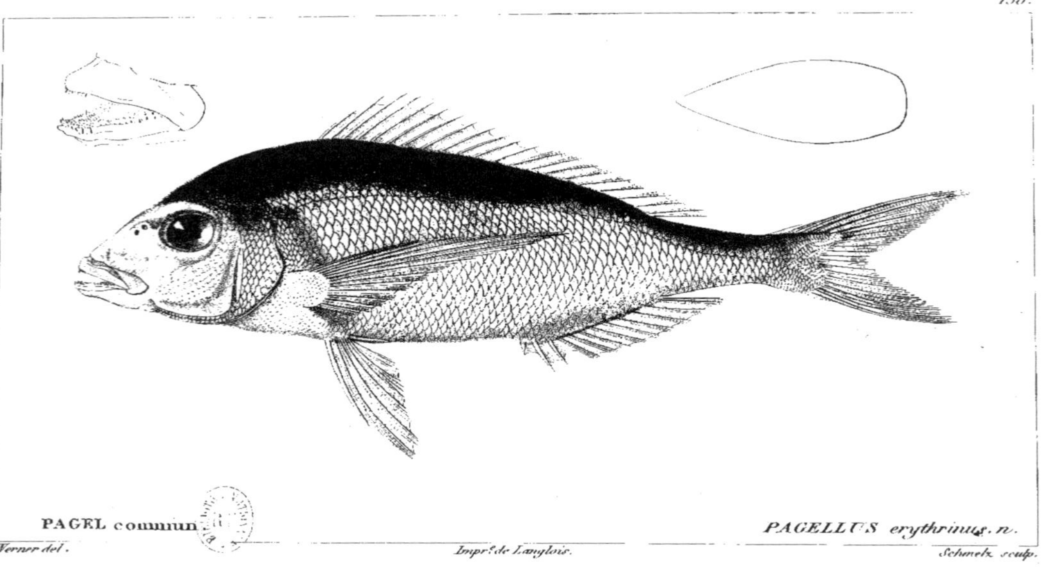

PAGEL commun. PAGELLUS erythrinus, n.

Werner del. Impr. de Langlois. Schmelz sculp.

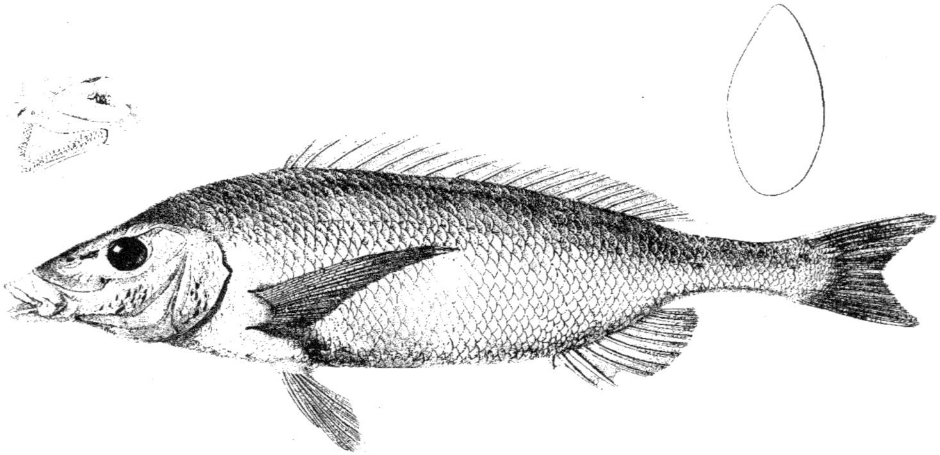

PAGEL à maxillaire pierreux. *PAGELLUS lithognathus. n.*

Werner del. *Impr.ie de Langlois.* *Dequevauviller sculp.*

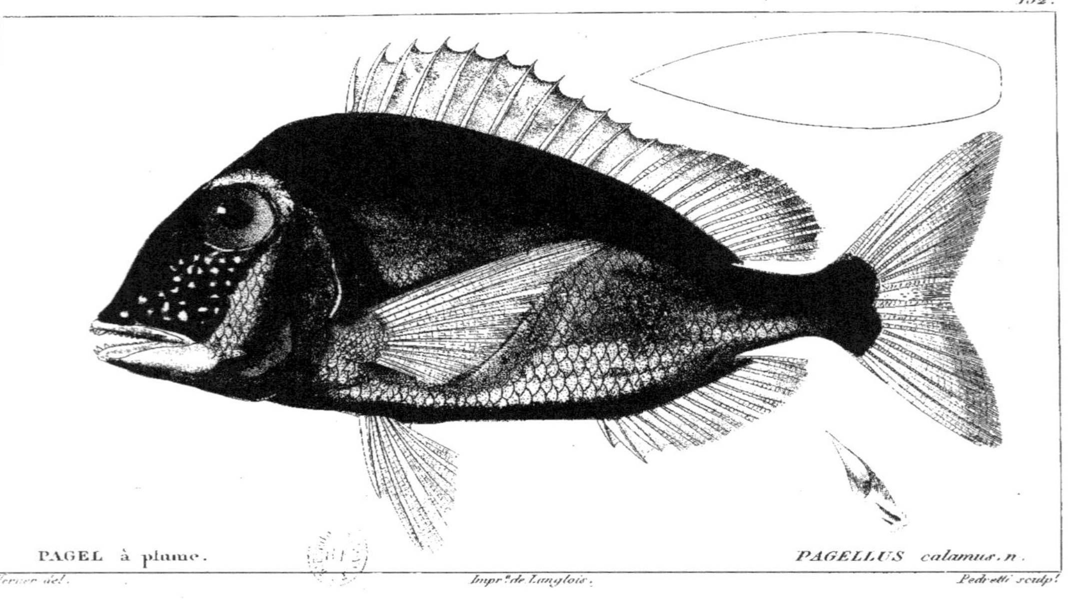

PAGEL à plume. — *PAGELLUS calamus. n.*

Werner del. — *Impr.ie de Langlois.* — *Pedretti sculp.t*

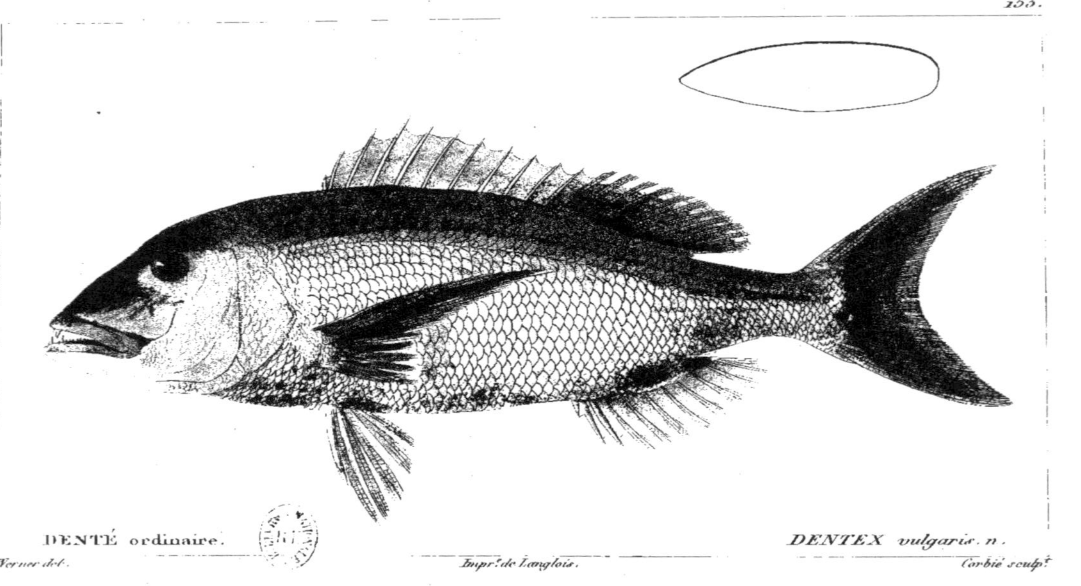

DENTÉ ordinaire. DENTEX vulgaris. n.

Werner del. Impr.^r de Langlois. Corbié sculp.^t

154.

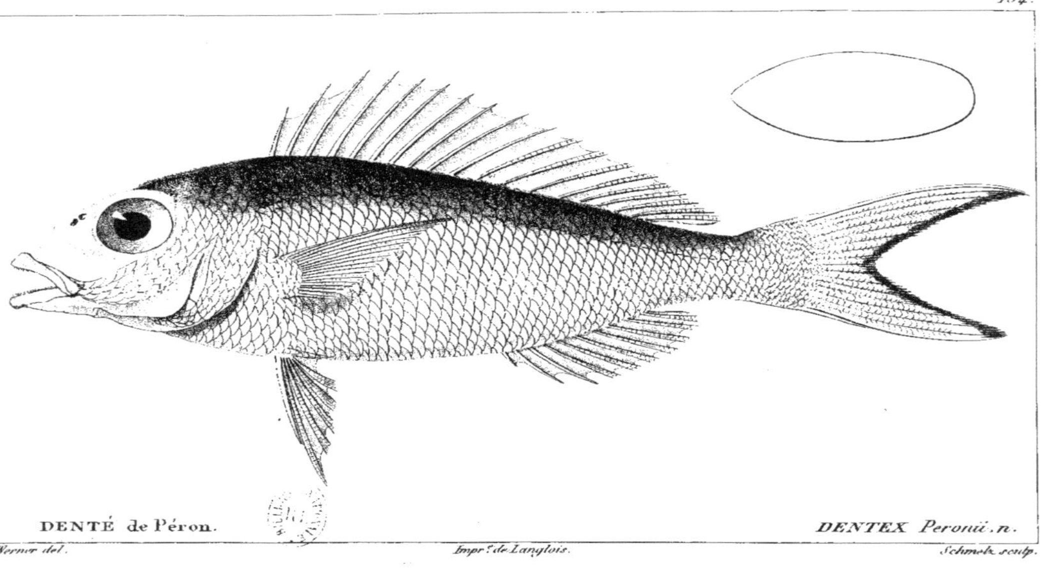

DENTÉ de Péron. *DENTEX Peronii. n.*

Werner del. *Impr. de Langlois.* *Schmelz sculp.*

155.

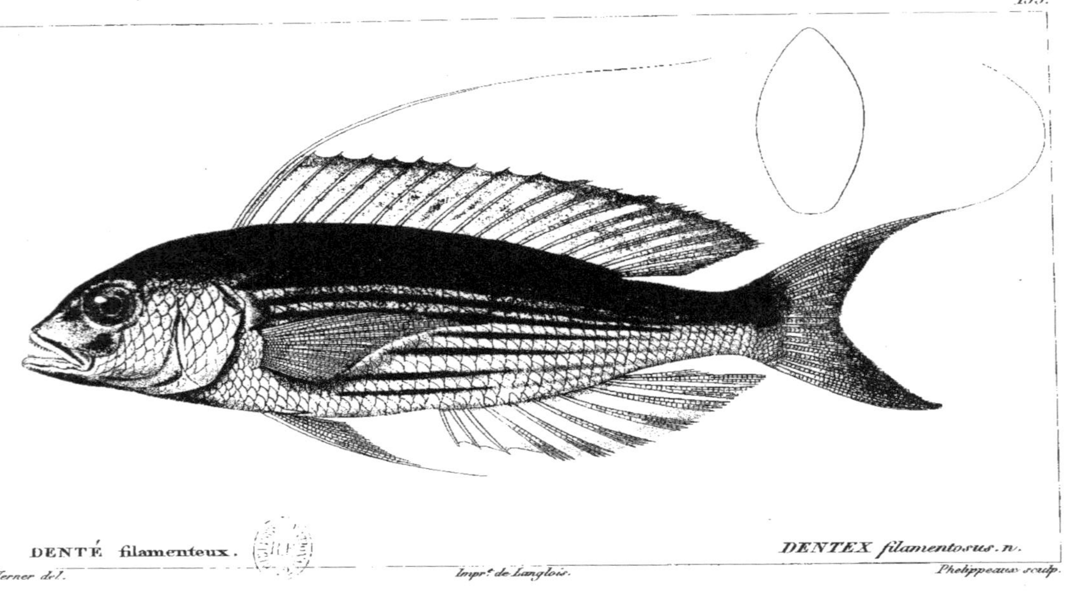

DENTÉ filamenteux. *DENTEX filamentosus. n.*

Werner del. *Impr. de Langlois.* *Phelippeaux sculp.*

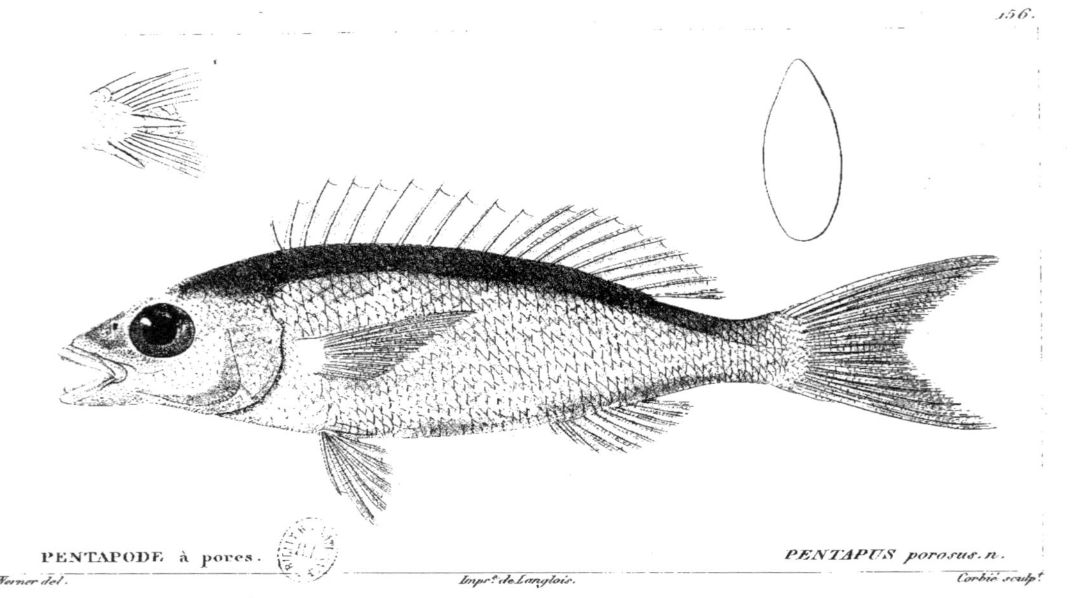

PENTAPODE à pores. *PENTAPUS porosus. n.*

Werner del. *Impr.e de Langlois.* *Corbié sculp.t*

157.

PENTAPODE rayé d'or. *PENTAPUS aurolineatus. n.*

Werner del. *Impr.ie de Langlois.* *Phelippeaux sculp.*

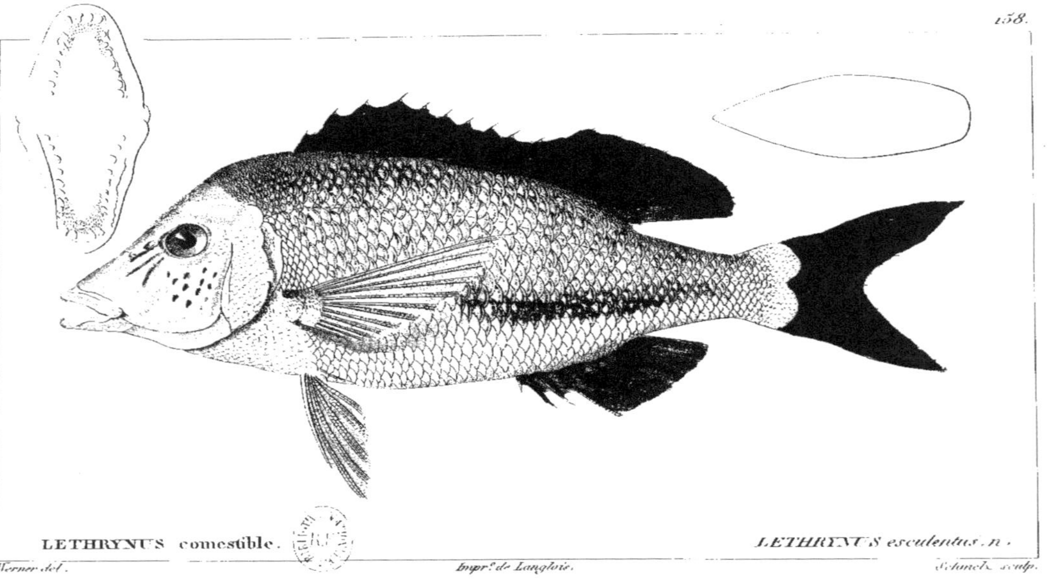

LETHRYNUS comestible. *LETHRYNUS esculentus. n.*

Werner del. *Impr.e de Langlois.* *Schmelz sculp.*

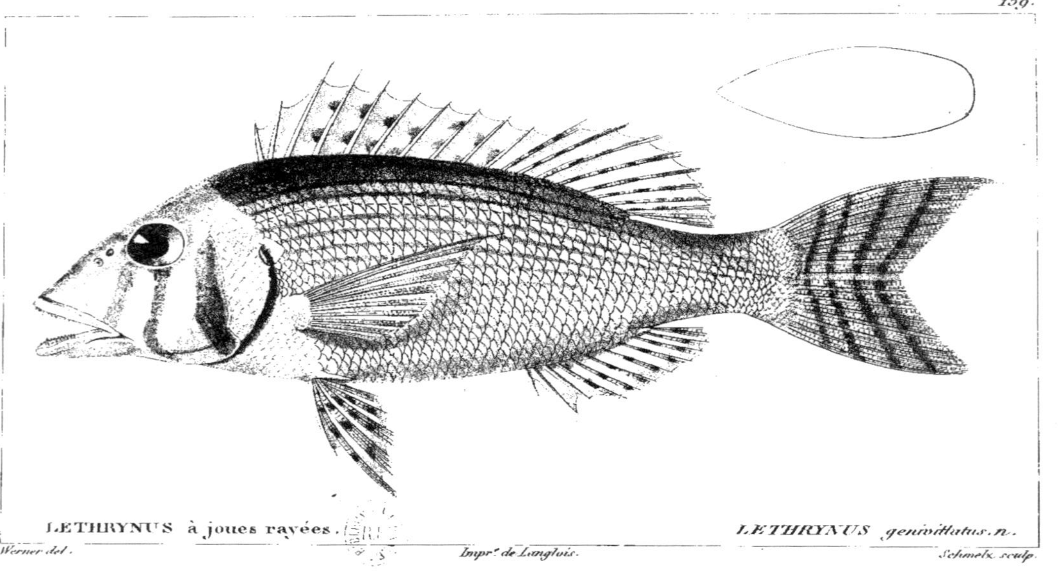

LETHRYNUS à joues rayées. LETHRYNUS genivittatus. n.

Werner del. Impr.r de Langlois. Schmelz sculp.

160.

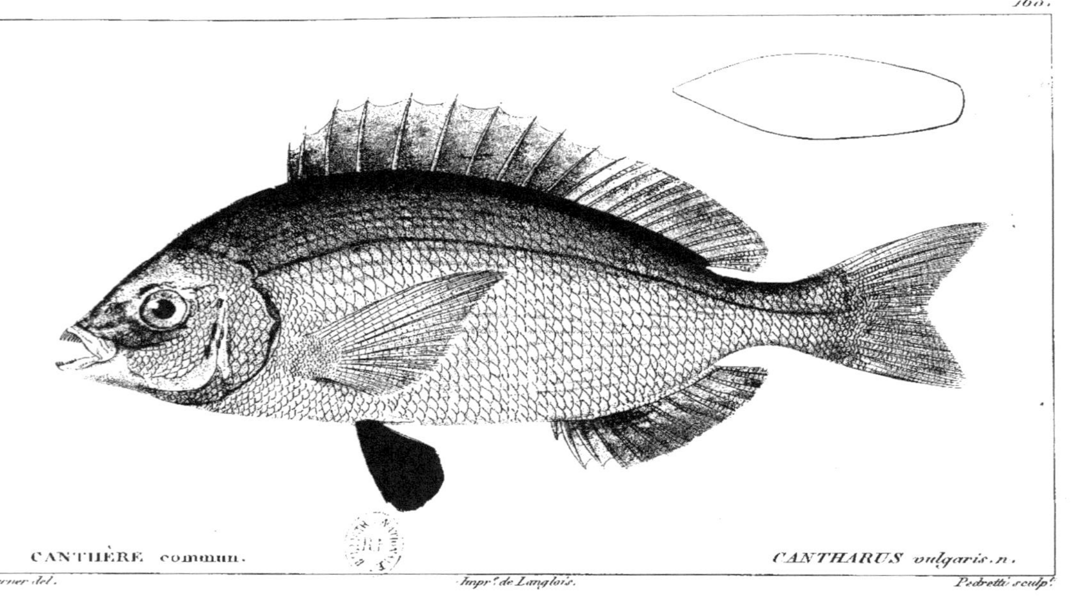

CANTHÈRE commun. CANTHARUS vulgaris. n.

Werner del. Impr.e de Langlois. Pedretti sculp.t

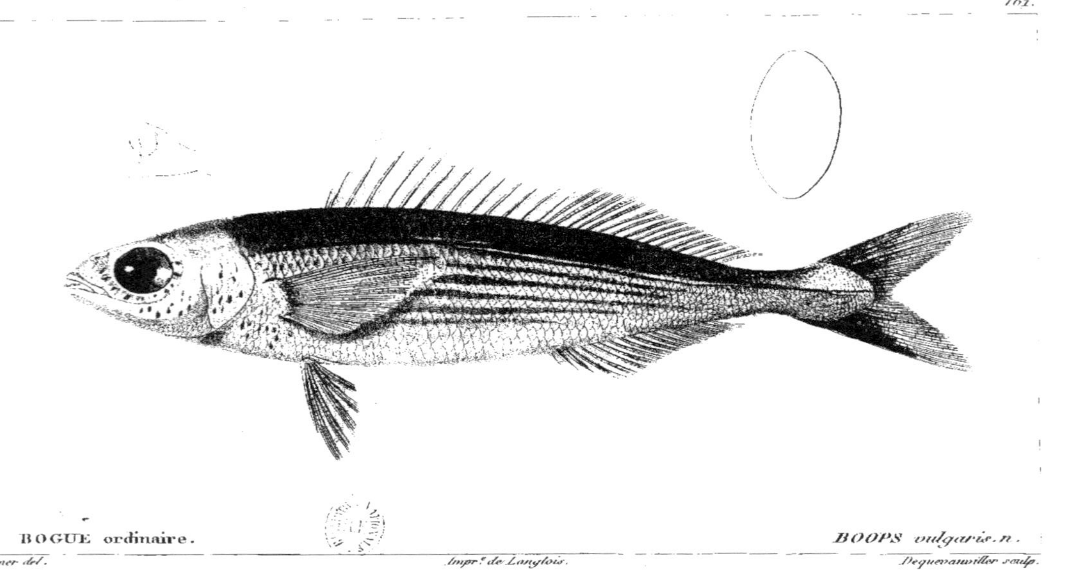

BOGUE ordinaire. — *BOOPS vulgaris. n.*

Werner del. — *Impr.^r de Langlois.* — *Dequevauviller sculp.*

162.

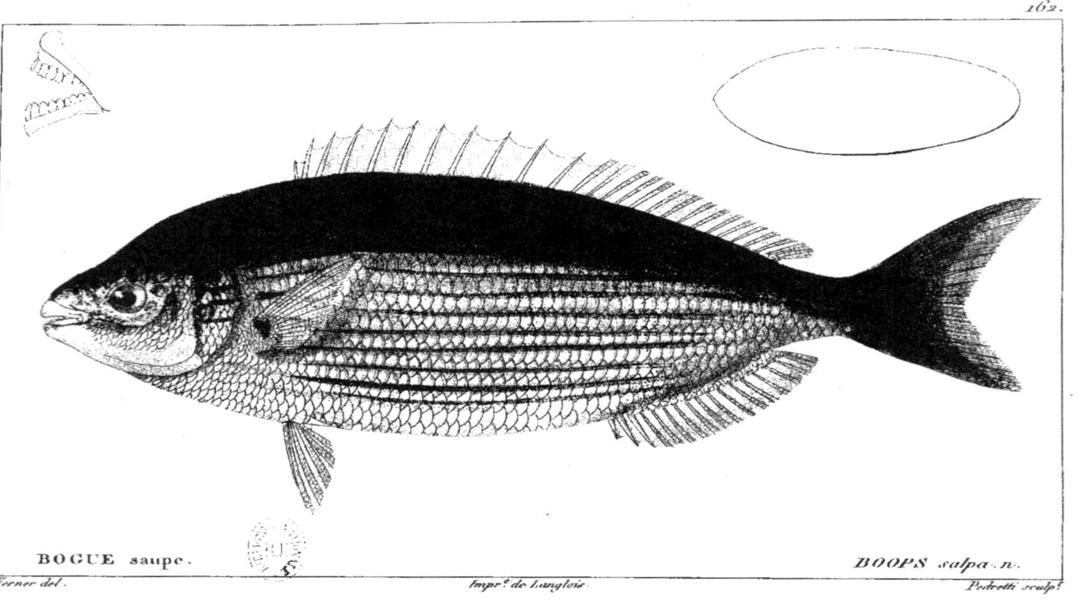

BOGUE saupe. BOOPS salpa. n.

Werner del. Impr.e de Langlois. Pedretti sculp.t

162 bis.

FARÈS bleuâtre. APHAREUS cærulescens. n.

Werner del. Impr.^e de Langlois. Pedretti sculp.^t

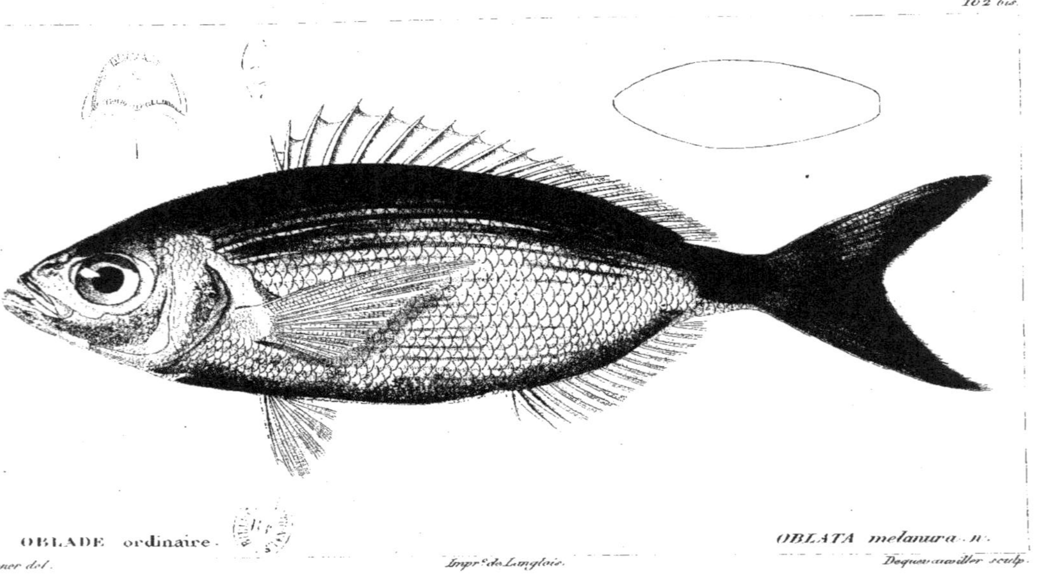

OBLADE ordinaire. OBLATA melanura. N.

Werner del. Impr.e de Langlois. Dequevauviller sculp.

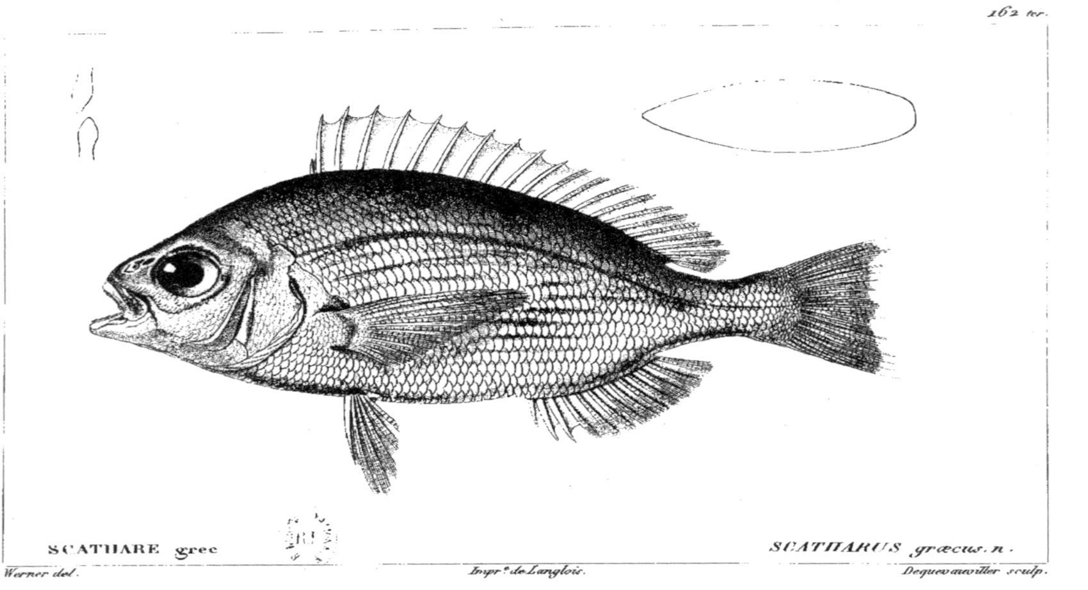

SCATHARE grec — SCATHARUS græcus. n.

Werner del. — Impr.e de Langlois. — Dequevauviller sculp.

162 quater.

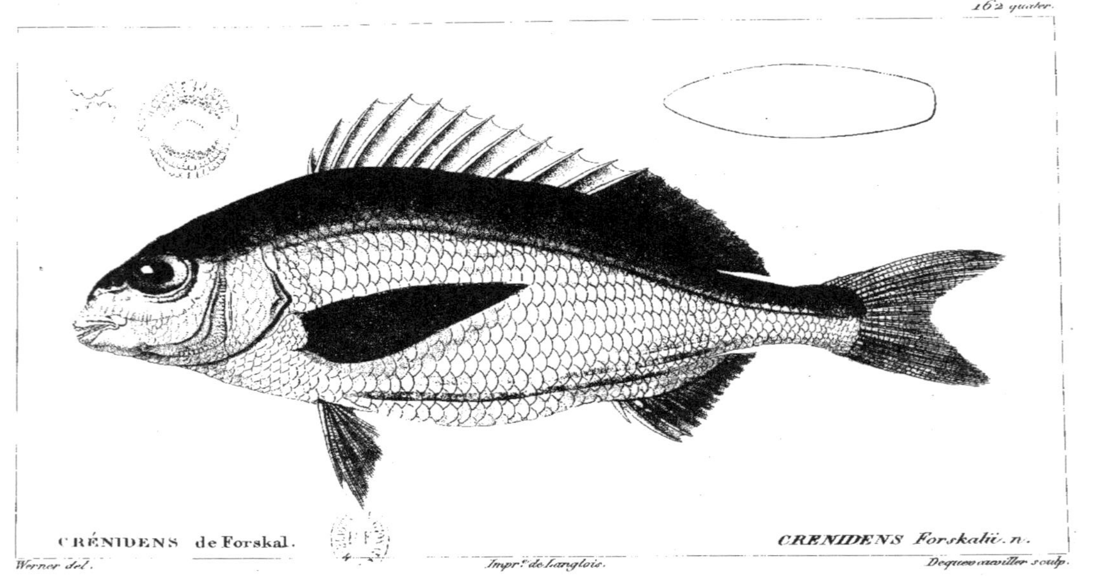

CRÉNIDENS de Forskal. *CRENIDENS Forskalii. n.*

Werner del. *Impr.e de Langlois.* *Dequevauviller sculp.*

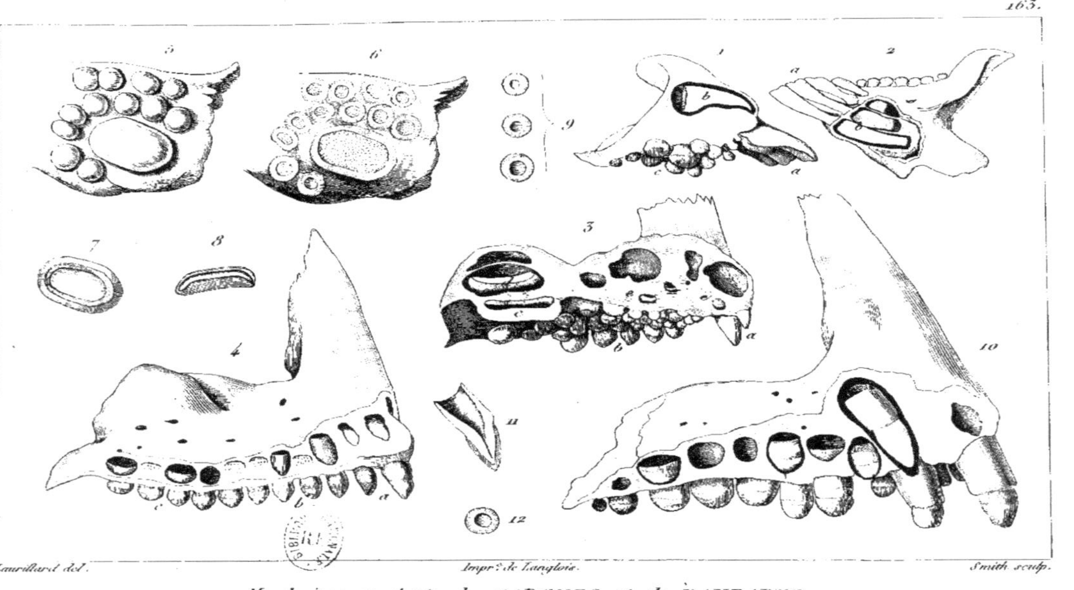

Laurillard del. Impr.ie de Langlois. Smith sculp.

Machoires et dents de SARGUES et de DAURADES.

164.

MENDOLE vomérine. *MÆNA vomerina. n.*

Werner del. *Impr.r de Langlois.* *Dequevauviller sculp.*

165.

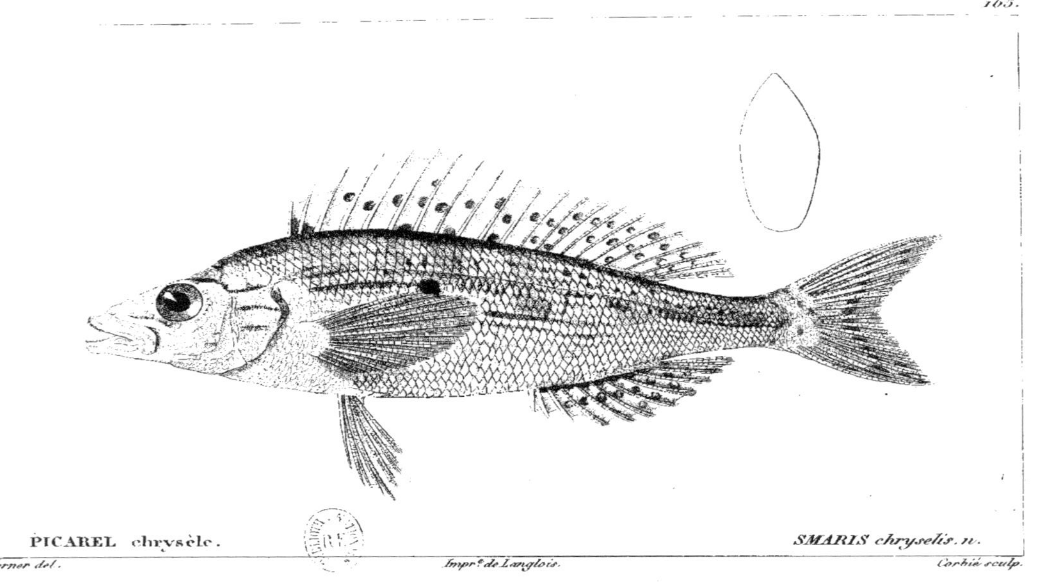

PICAREL chrysèle. SMARIS chryselis. n.

Werner del. Impr.e de Langlois. Corbié sculp.

166.

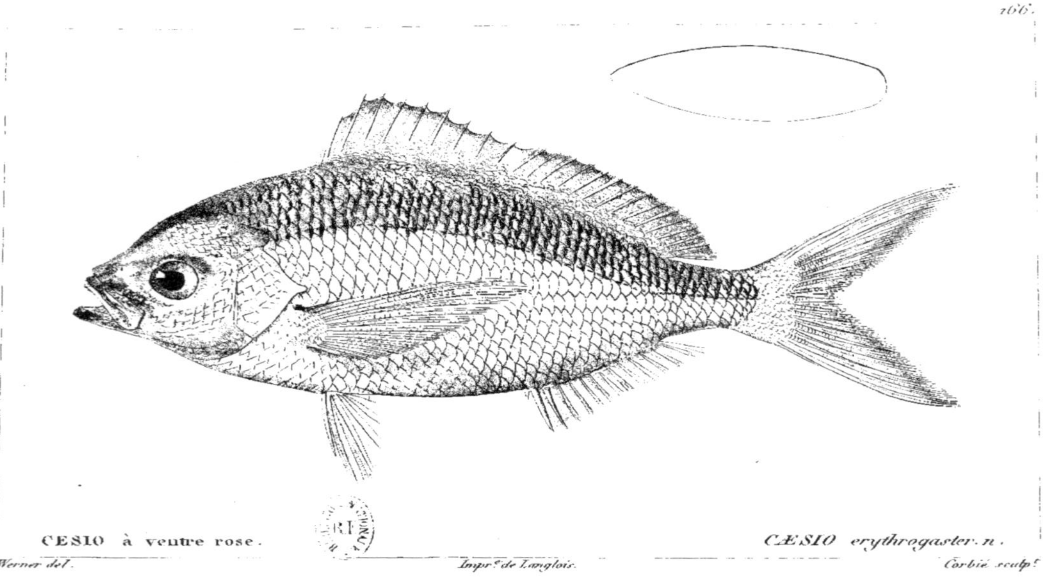

CESIO à ventre rose. — CÆSIO erythrogaster. n.

Werner del. — Impr. de Langlois. — Corbié sculp.

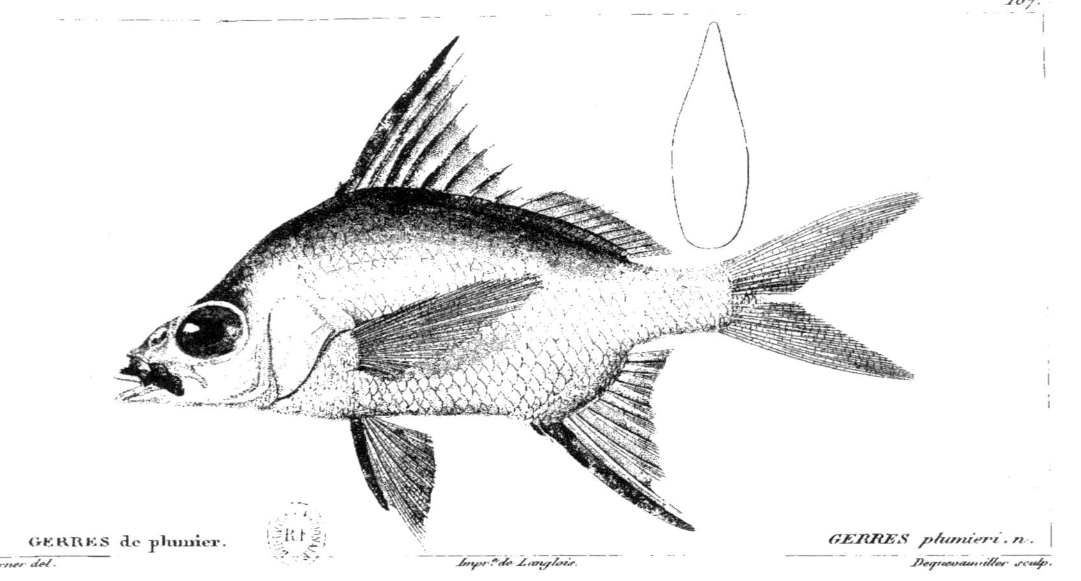

GERRES de plumier. GERRES plumieri. n.

Werner del. Impr.e de Langlois. Dequevauviller sculp.

168.

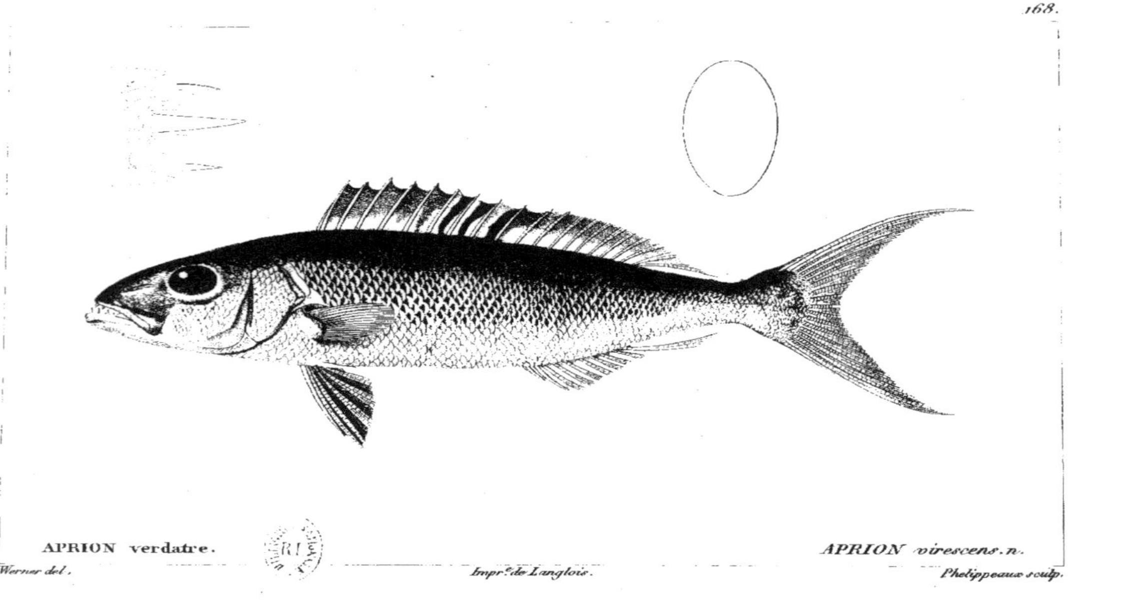

APRION verdatre. APRION virescens. n.

Werner del. Impr.ᵉ de Langlois. Phelippeaux sculp.

168 bis.

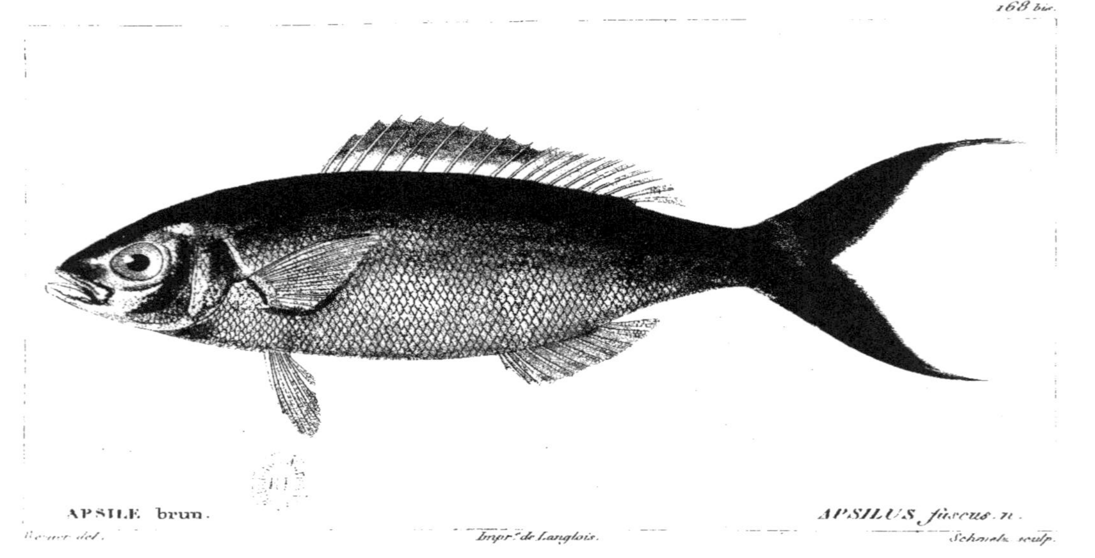

APSILE brun. APSILUS fuscus. n.

Werner del. Impr.^e de Langlois. Schmelz sculp.

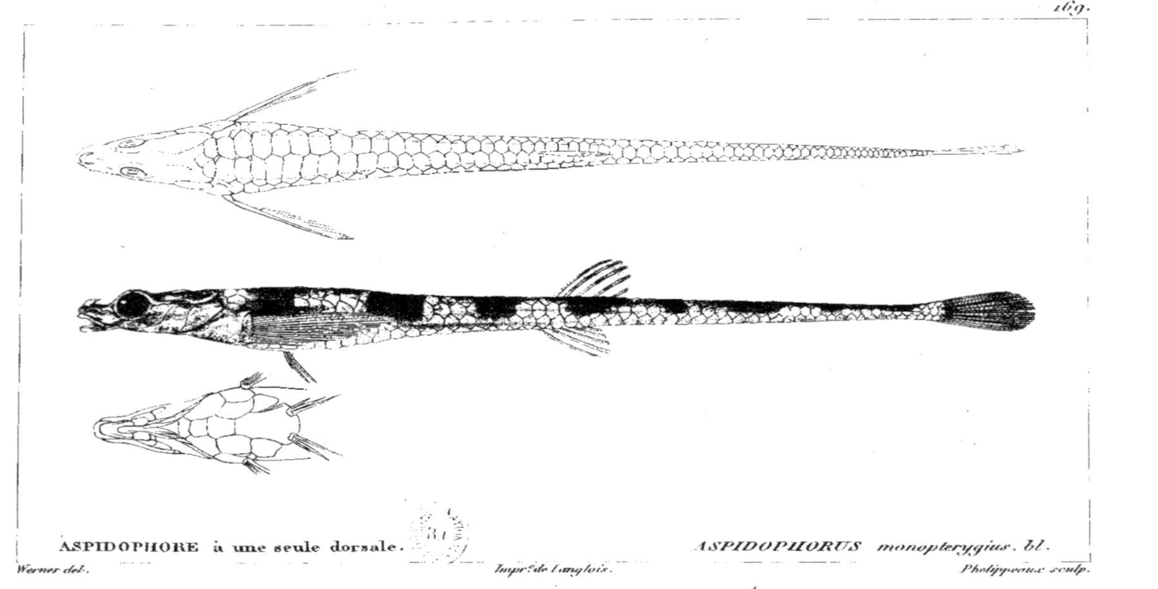

ASPIDOPHORE à une seule dorsale. ASPIDOPHORUS monopterygius. bl.

Werner del. Impr.ie de Langlois. Philippeaux sculp.

170.

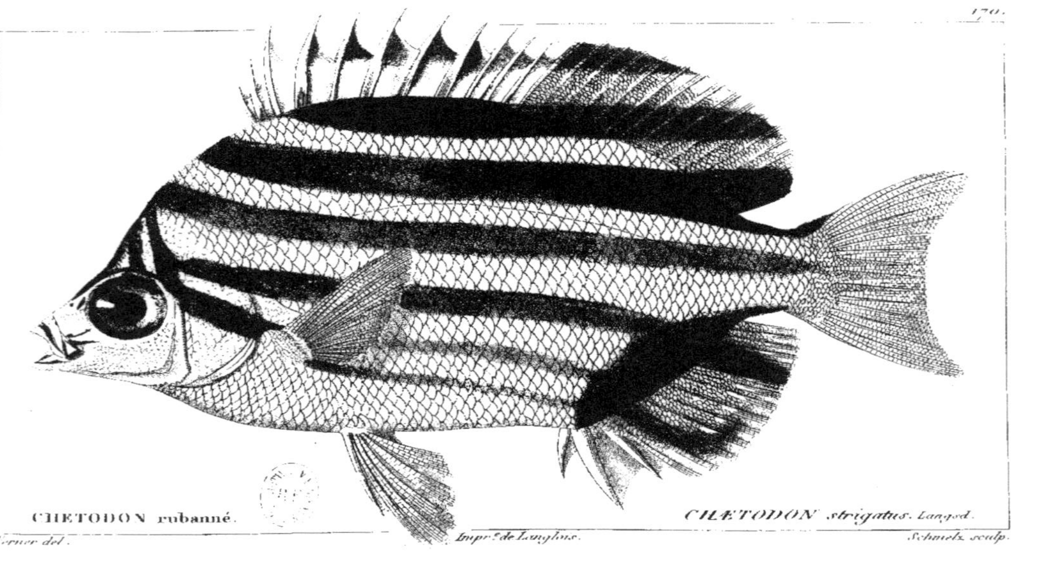

CHETODON rubanné. CHÆTODON strigatus. Langsd.

Werner del. Impr.ᵉ de Langlois. Schmelz sculp.

171.

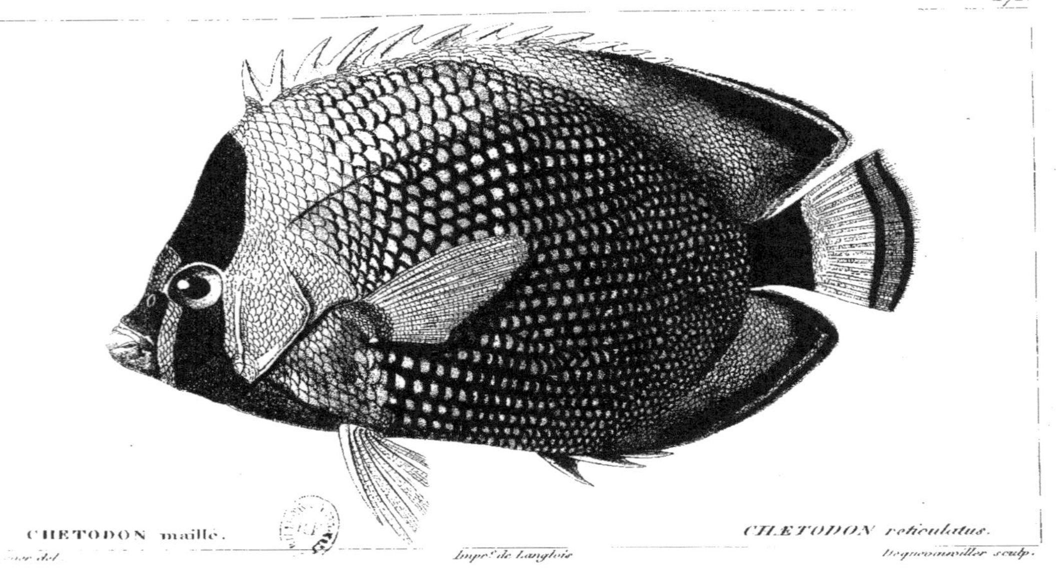

CHETODON maillé. CHÆTODON reticulatus.

...er del. Impr.ˢ de Langlois Dequevauviller sculp.

172.

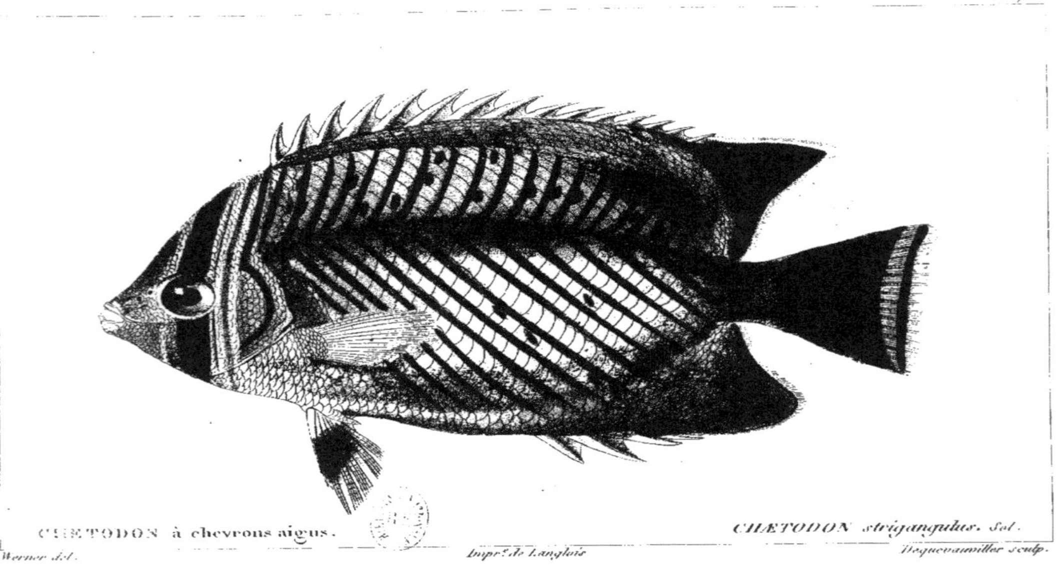

CHÆTODON à chevrons aigus. CHÆTODON *strigangulus*. *Sol.*

Werner del. *Impr.^e de Langlois* *Dequevauviller sculp.*

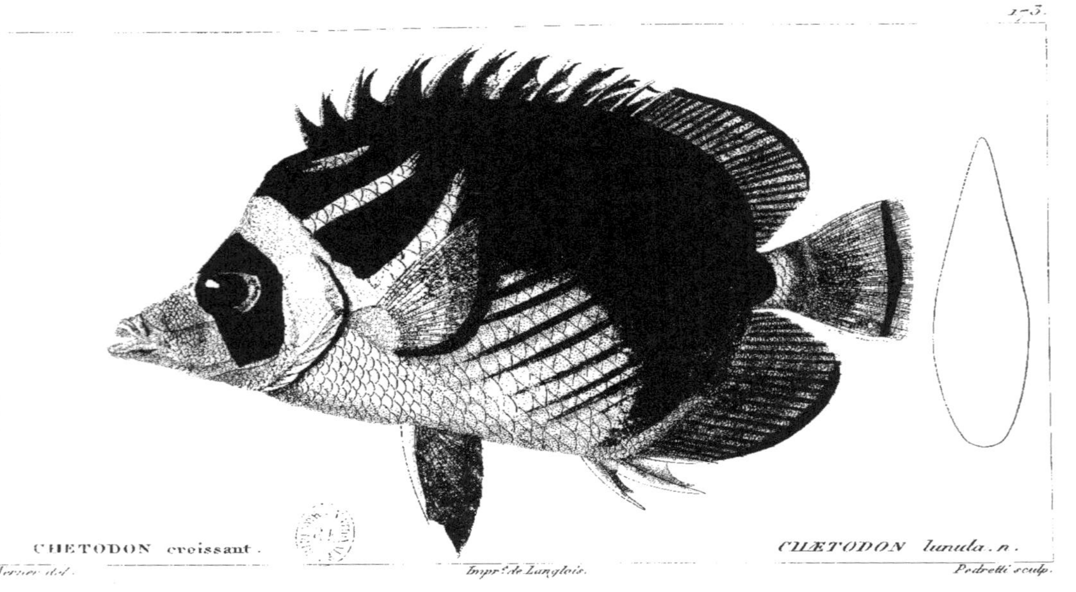

CHETODON croissant. CHÆTODON lunula. n.

Werner del. Impr.e de Langlois. Pedretti sculp.

174.

CHETODON à housse — *CHÆTODON ephippium. n.*

Werner del. — *Impr.ᵉ de Langlois.* — *Schmelz sculp.*

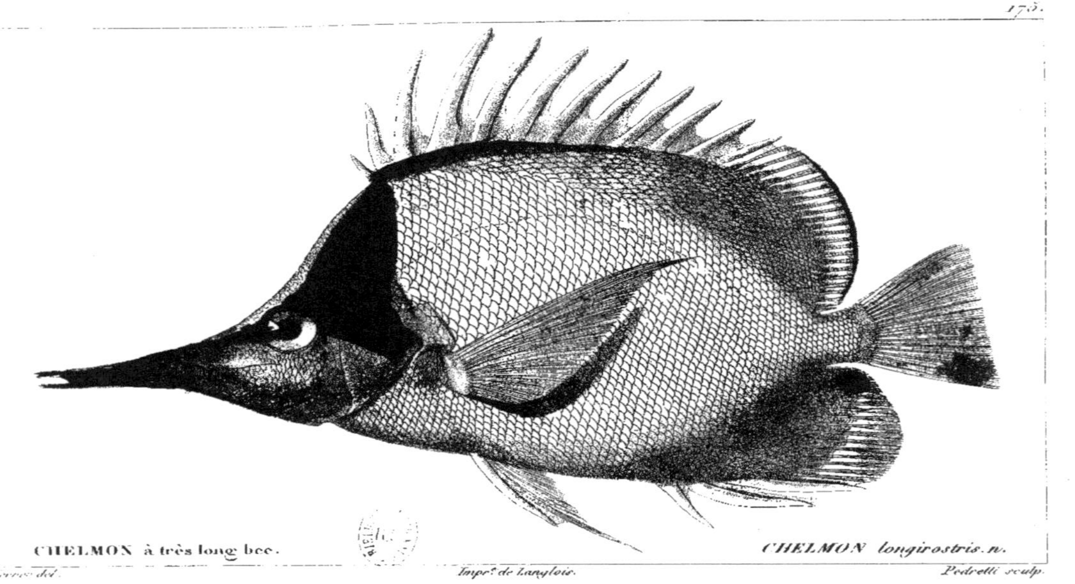

CHELMON à très long bec.

CHELMON longirostris. n.

Werner del. *Impr.ie de Langlois.* *Pedretti sculp.*

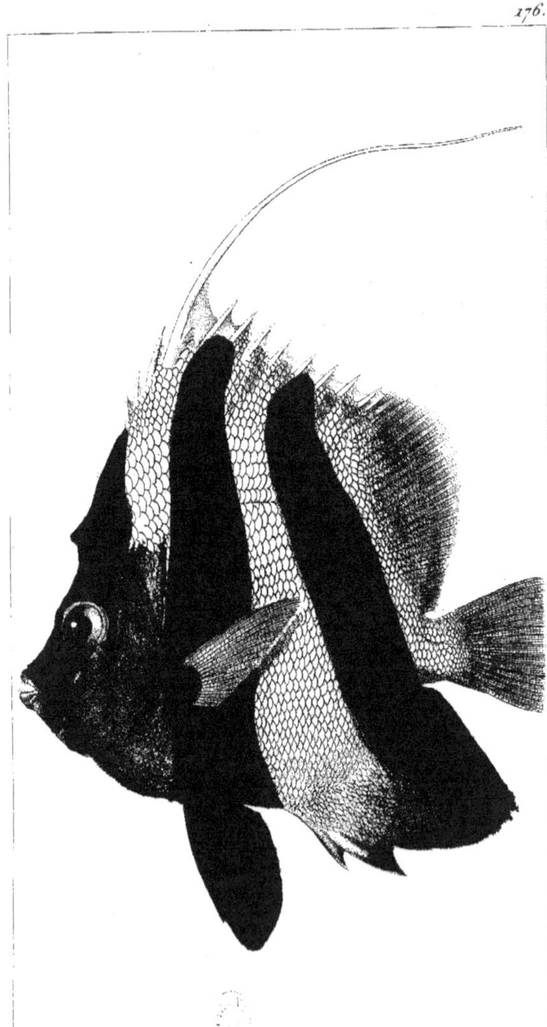

HÉNIOCHUS licorne. *HENIOCHUS monoceros. n.*

Werner del. *Impr.ᵉ de Langlois.* *Pedretti sculp.*

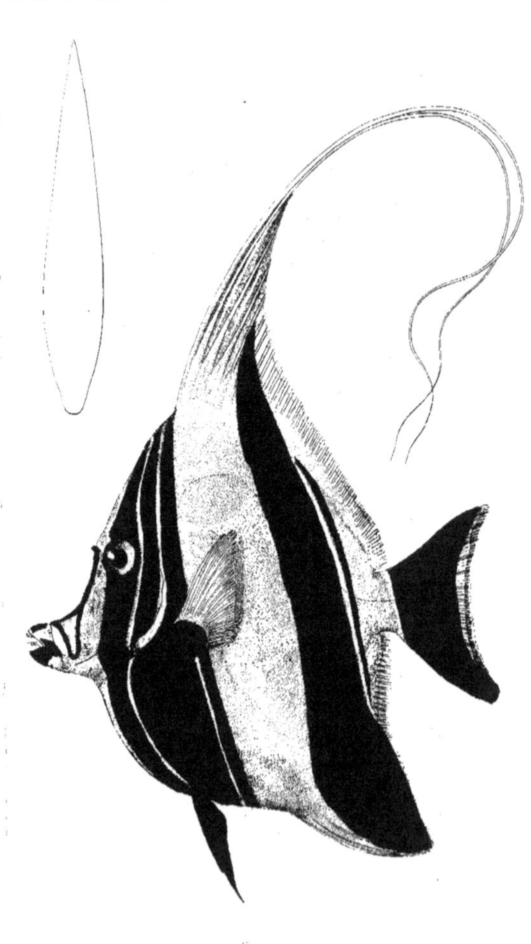

TRANCHOIR cornu. ZANCLUS cornutus. n.

Werner del. Impr. de Langlois. Pedretti sculp.

178.

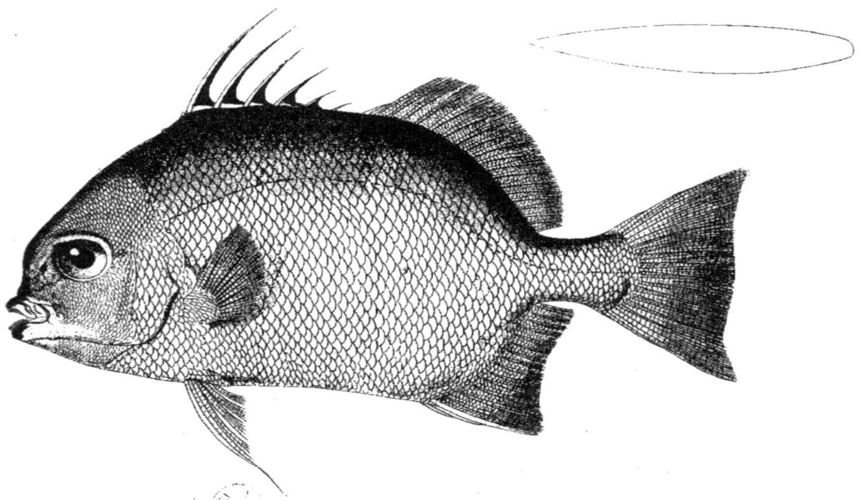

EPHIPPUS de Gorée. EPHIPPUS Goreensis. n.

... del. Impr. de Langlois. Dequevauviller sculp.

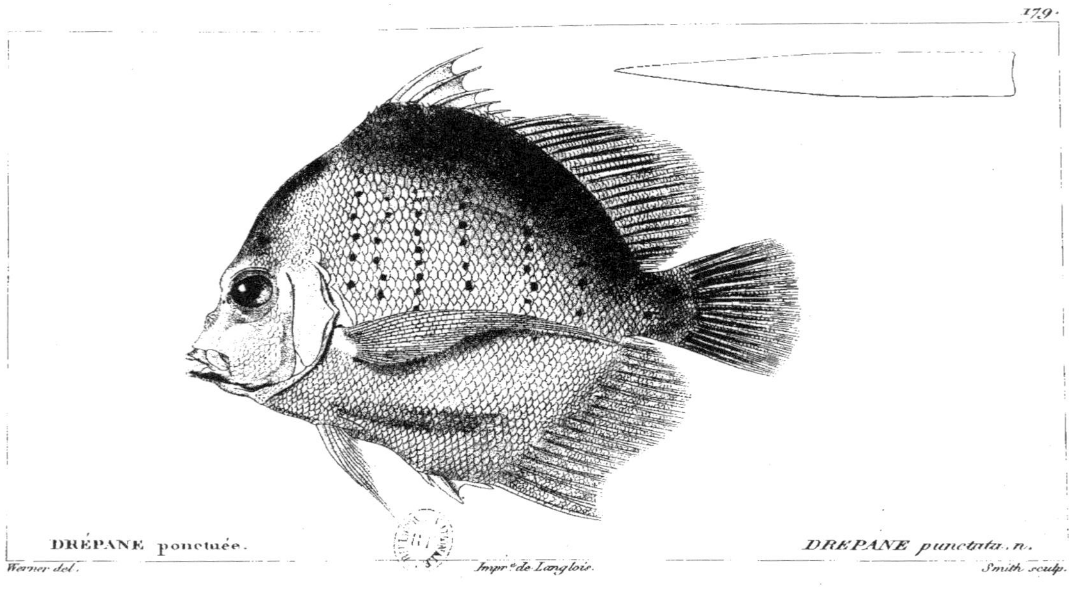

DRÉPANE ponctuée. DREPANE punctata. n.

Werner del. Impr.e de Langlois. Smith sculp.

180.

SCATOPHAGE orné. *SCATOPHAGUS ornatus. n.*

Werner del. *Impr.e de Langlois.* *Pedretti sculp.*

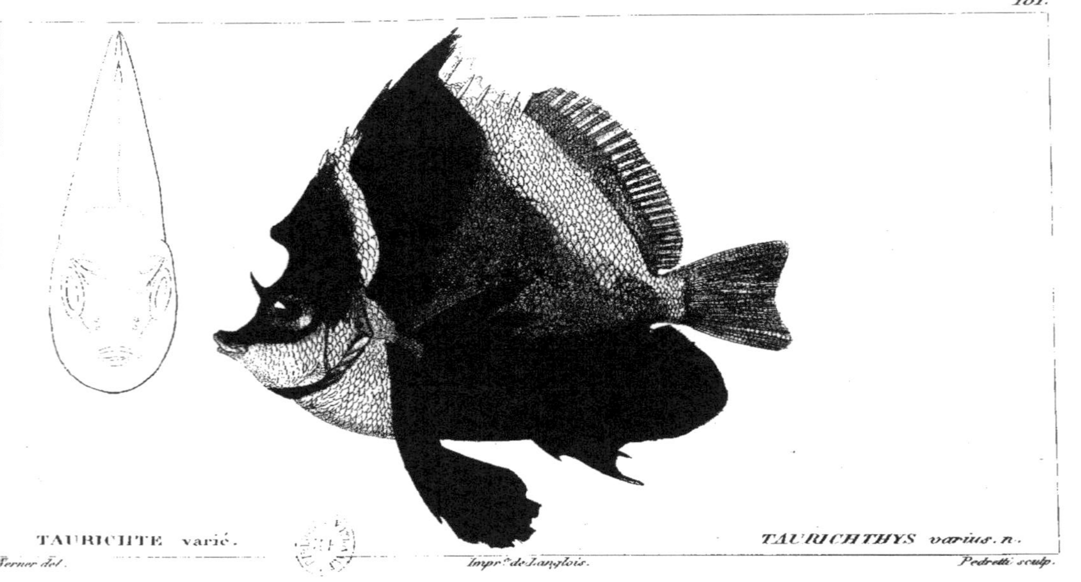

TAURICHTE varié. TAURICHTHYS varius. n.

Werner del. Impr. de Langlois. Pedretti sculp.

182.

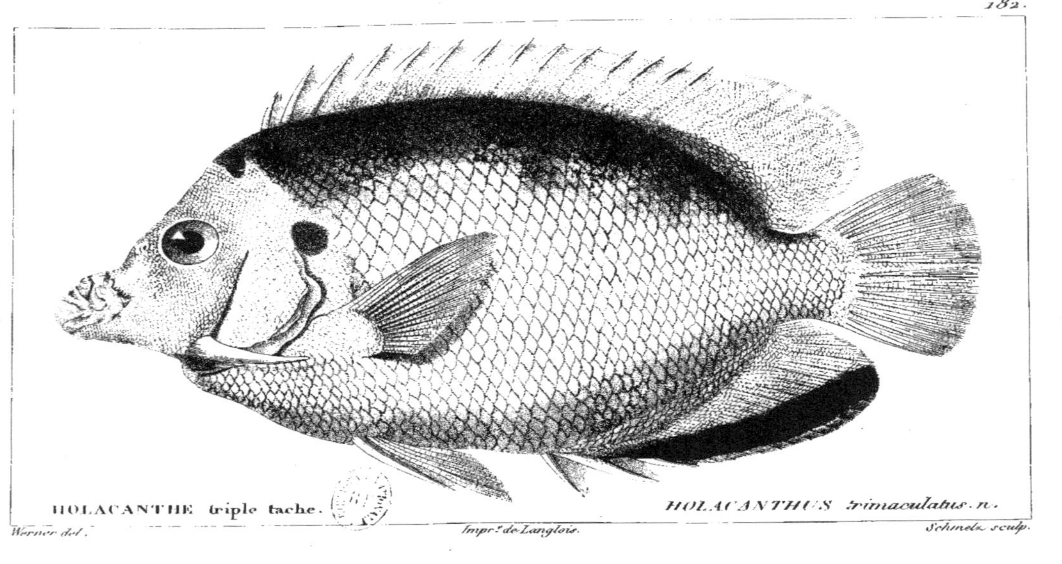

HOLACANTHE triple tache. *HOLACANTHUS trimaculatus. n.*

Werner del. *Impr.^r de Langlois.* *Schmelz sculp.*

183.

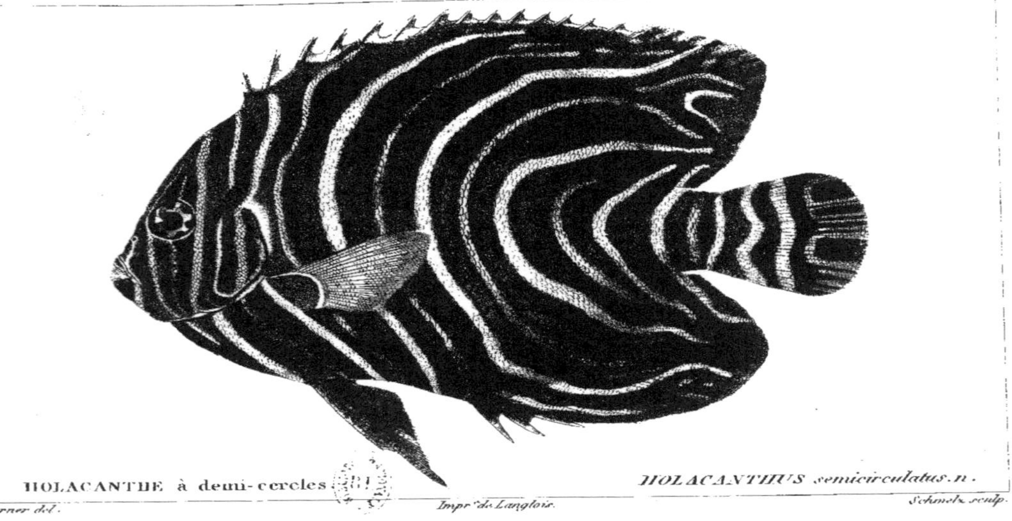

HOLACANTHE à demi-cercles. *HOLACANTHUS semicirculatus. n.*

Werner del. *Impr. de Langlois.* *Schmelz sculp.*

184.

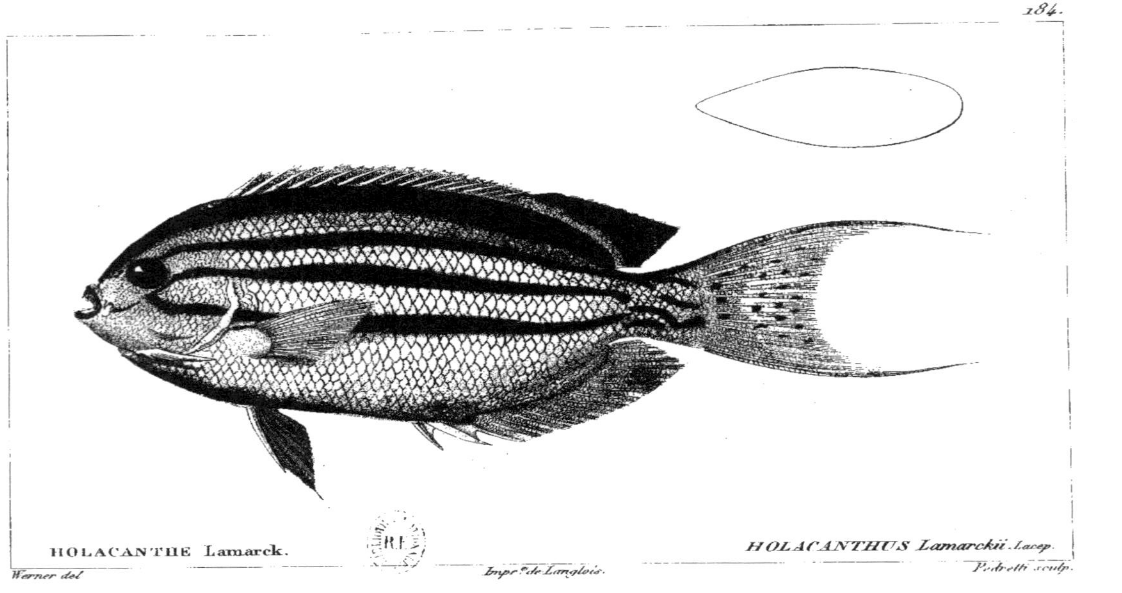

HOLACANTHE Lamarck. *HOLACANTHUS Lamarckii. Lacep.*

Werner del *Impr.e de Langlois.* *Pedretti sculp.*

185.

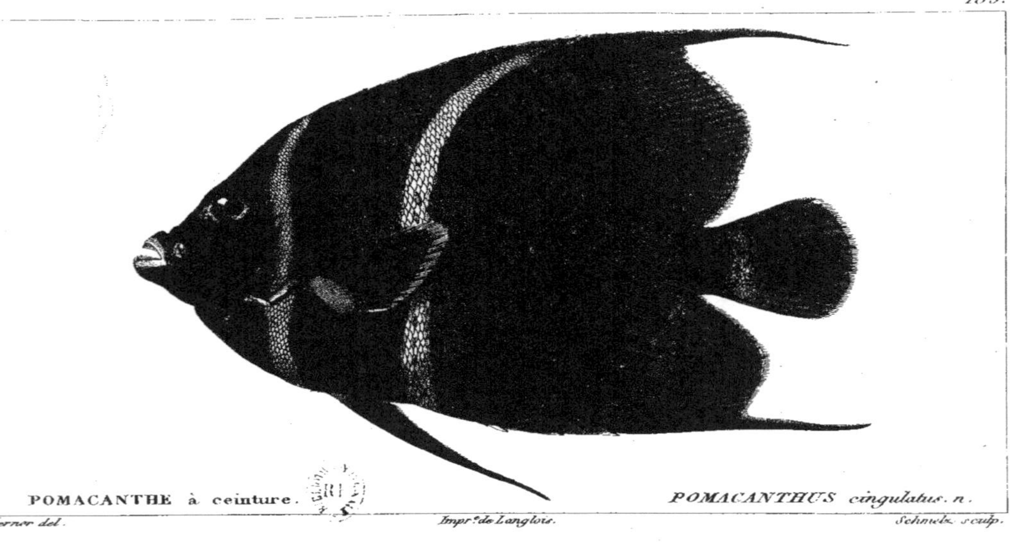

POMACANTHE à ceinture. *POMACANTHUS cingulatus. n.*

Werner del. *Impr.ᵉ de Langlois.* *Schmelz sculp.*

PLATAX à gouttelettes.
PLATAX guttulatus. n.

PLATAX pointillé.
PLATAX punctulatus. n.

Werner del. — Impr.e de Langlois. — Dequevauviller sculp.

187.

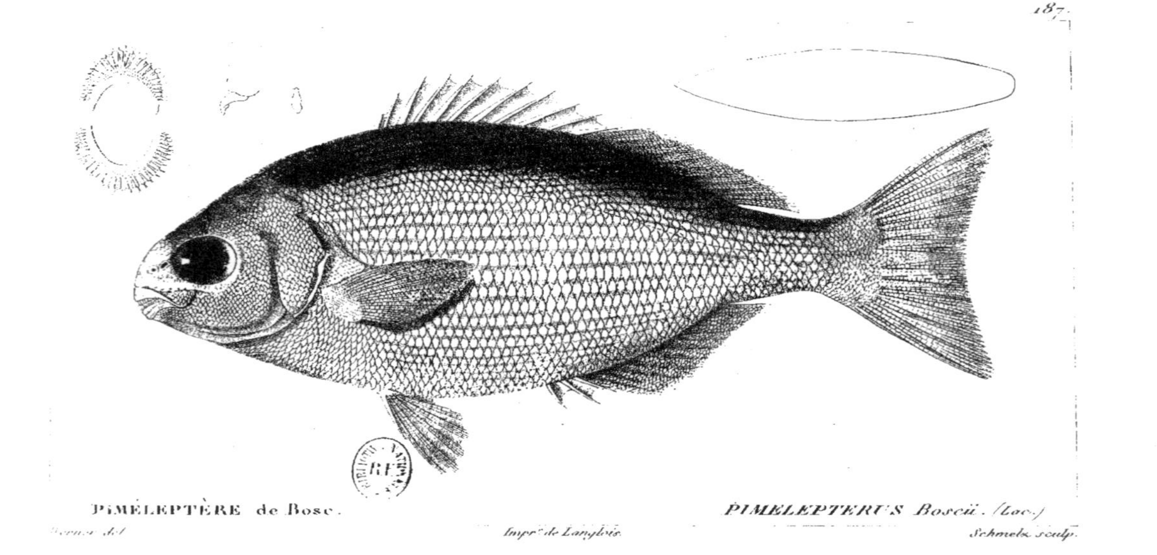

PIMÉLEPTÈRE de Bosc. *PIMELEPTERUS Boscii. (Lac.)*

Werner del. *Impr. de Langlois.* *Schmelz sculp.*

188.

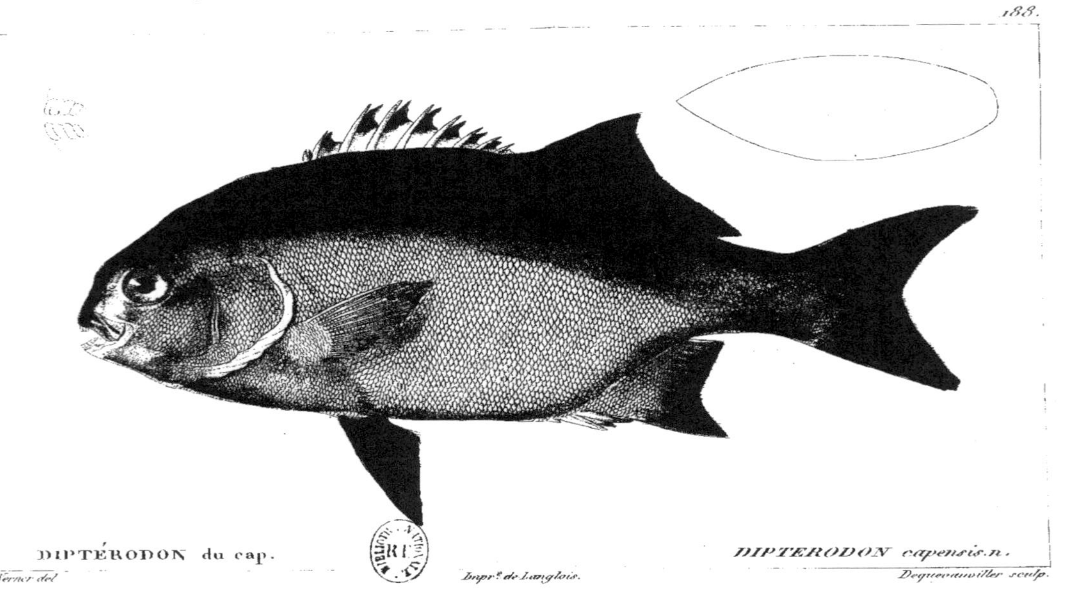

DIPTÉRODON du cap. — *DIPTERODON capensis. n.*

Werner del. — *Impr.e de Langlois.* — *Dequevauviller sculp.*

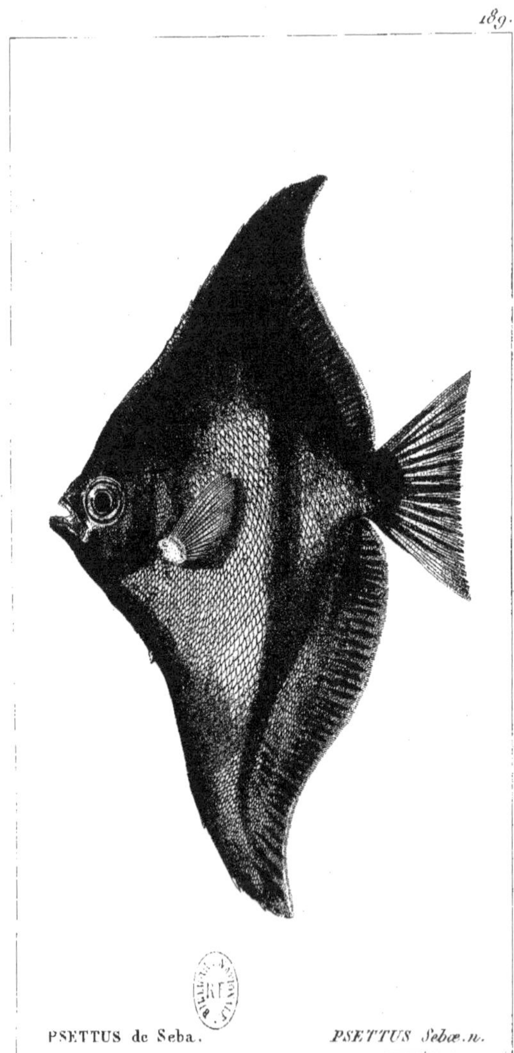

PSETTUS de Seba. *PSETTUS Sebæ. n.*

Werner del. *Impr.^e de Langlois.* *Schmelz sculp.*

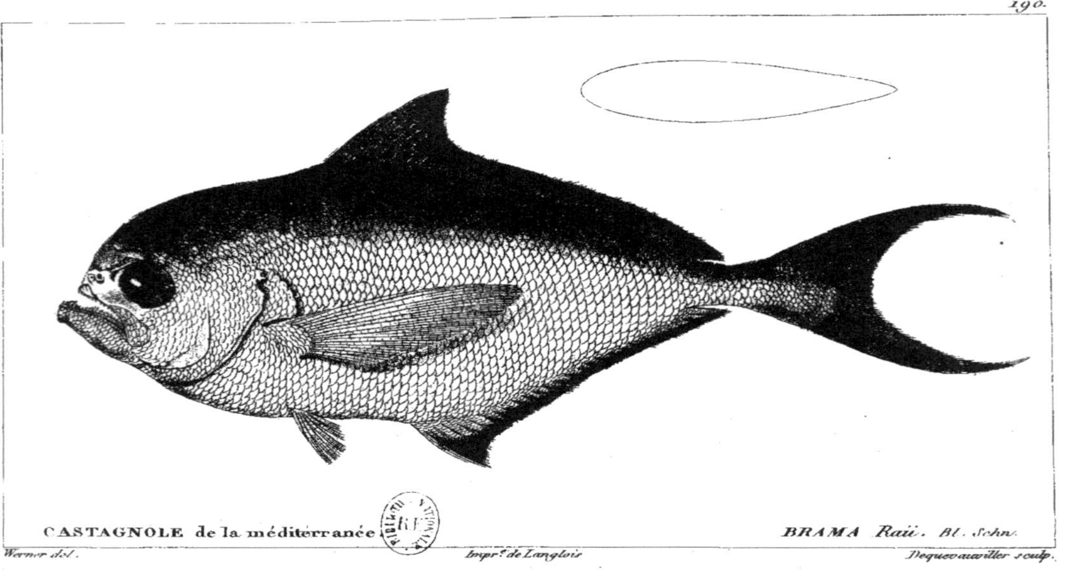

CASTAGNOLE de la méditerranée. BRAMA *Raii*. *Bl. Schn.*

Werner del. *Impr.e de Langlois* *Dequevauviller sculp.*

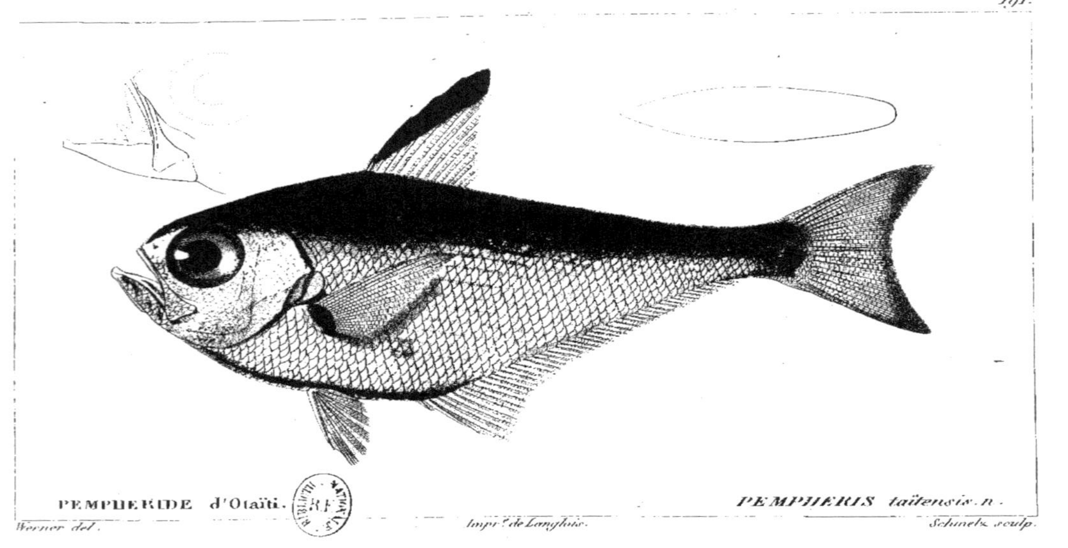

PEMPHERIDE d'Otaïti. *PEMPHERIS taïtensis. n.*

Werner del. *Impr.^e de Langlois.* *Schmelz sculp.*

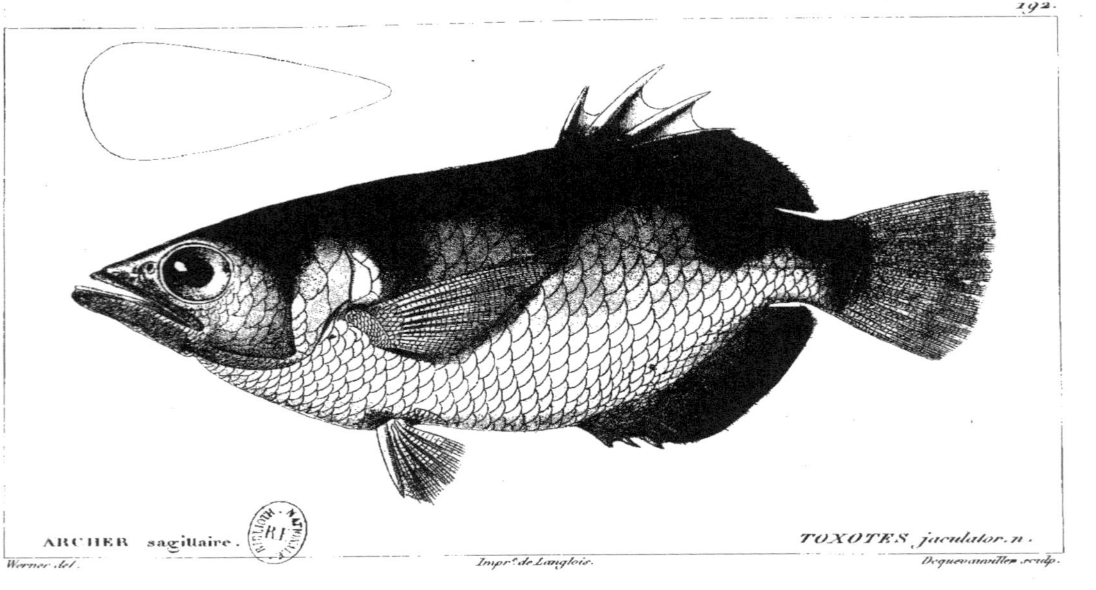

ARCHER sagittaire. TOXOTES jaculator. n.

Werner del. Impr.e de Langlois. Dequevauviller sculp.

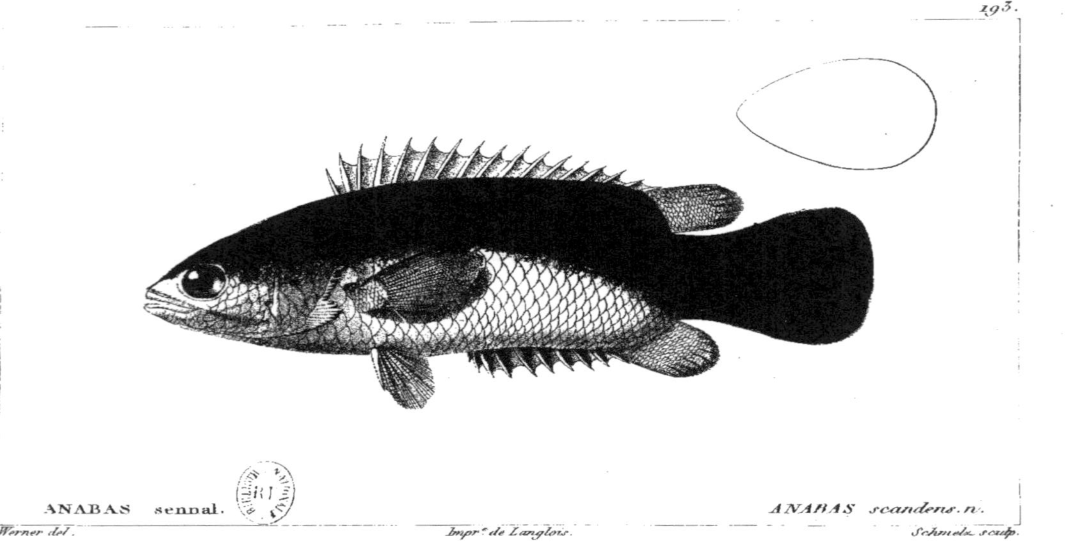

ANABAS sennal. ANABAS *scandens. n.*

Werner del. *Impr.e de Langlois.* *Schmelz sculp.*

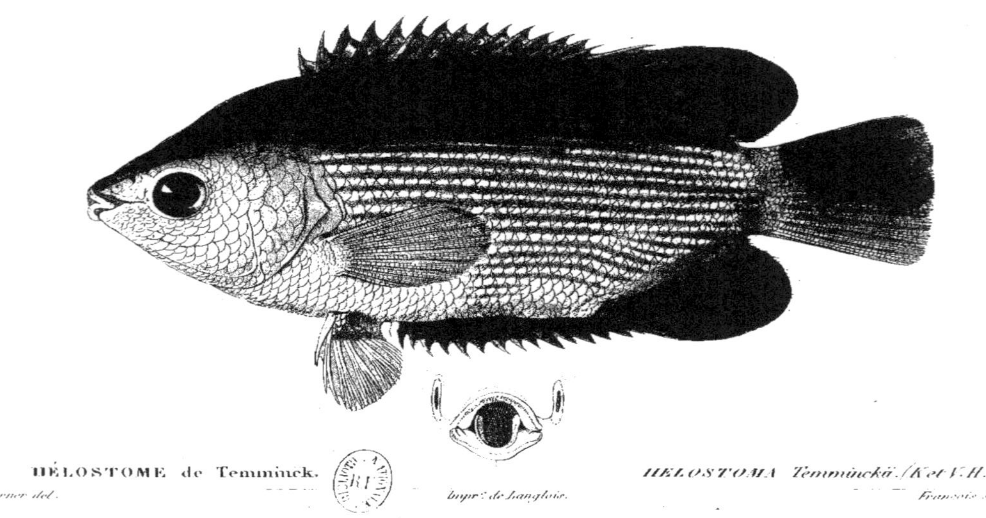

HÉLOSTOME de Temminck. — HELOSTOMA Temminckii (K et V.H.)

Werner del. — Impr.ie de Langlois. — François sculp.

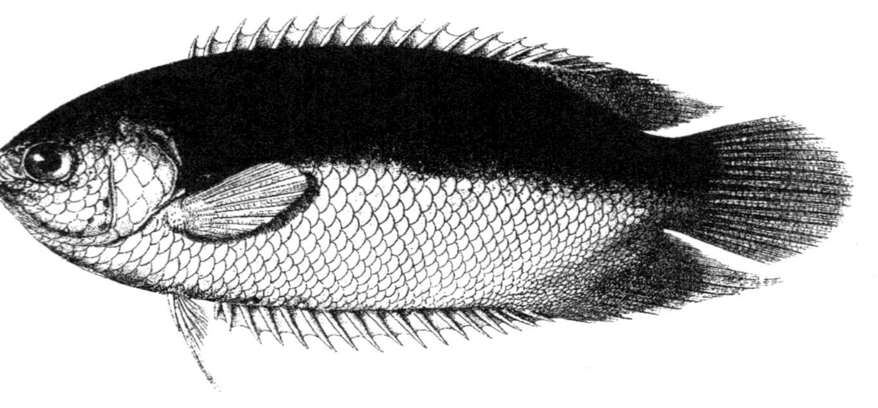

POLYACANTHE de Hasselt. *POLYACANTHUS Hasselti n.*

Werner del. *Impr.ie de Langlois* *François sculp.*

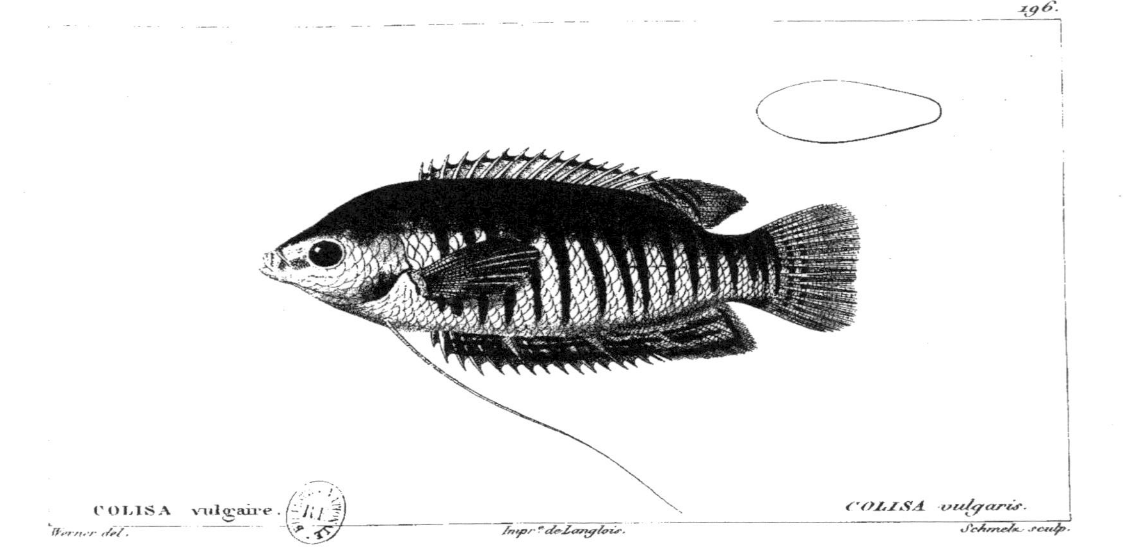

COLISA vulgaire. COLISA *vulgaris*.

Werner del. *Impr.e de Langlois.* *Schmelz sculp.*

197.

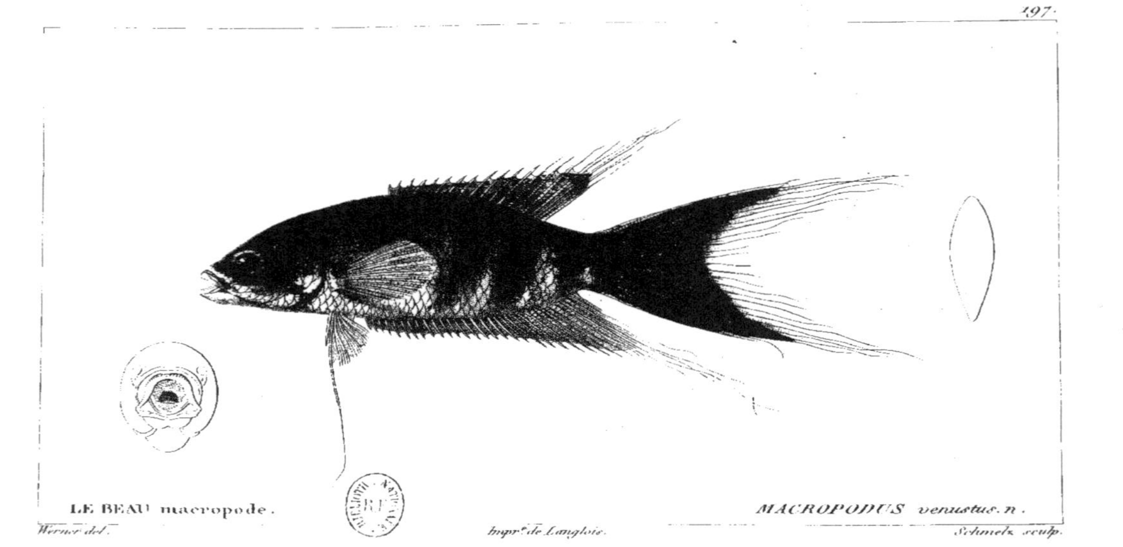

LE BEAU macropode. *MACROPODUS venustus. n.*

Werner del. *Impr.ie de Langlois.* *Schmelz sculp.*

198.

OSPHROMÈNE gourami. OSPHROMENUS olfax. (Comm.)

Werner del. Impr.t de Langlois. François sculp.

199.

TRICHOPODE trichoptère. TRICHOPUS trichopterus.

Werner del. Impr.e de Langlois. François sculp.

SPIROBRANCHE du cap. *SPIROBRANCHUS capensis.*

Werner del. *Impr.e de Langlois.* *Pedretti sculp.*

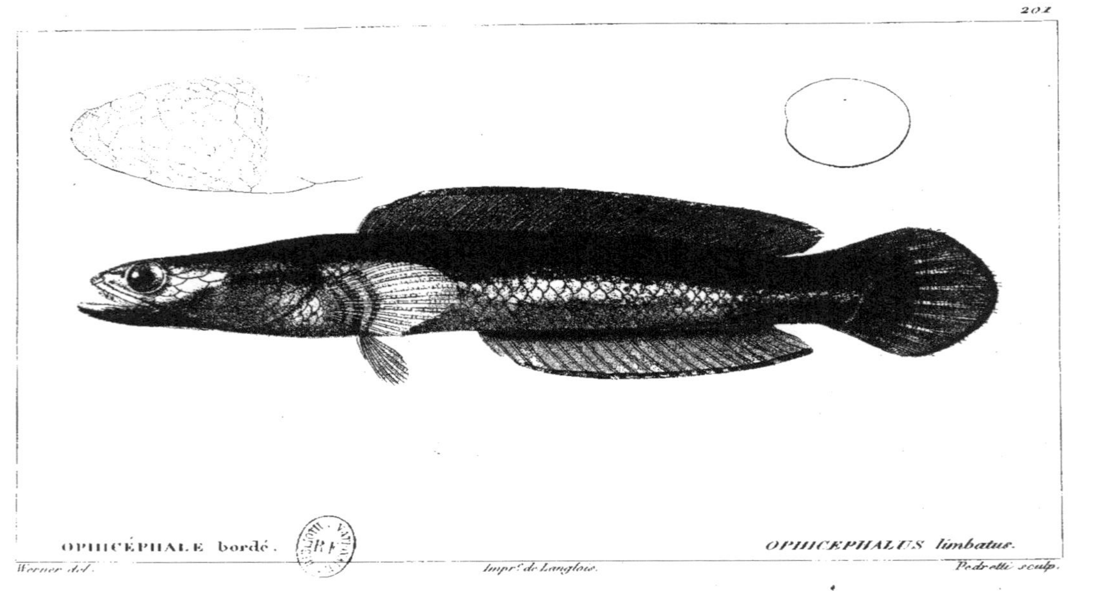

OPHICÉPHALE bordé. *OPHICEPHALUS limbatus.*

Werner del. *Impr.e de Langlois.* *Pedretti sculp.*

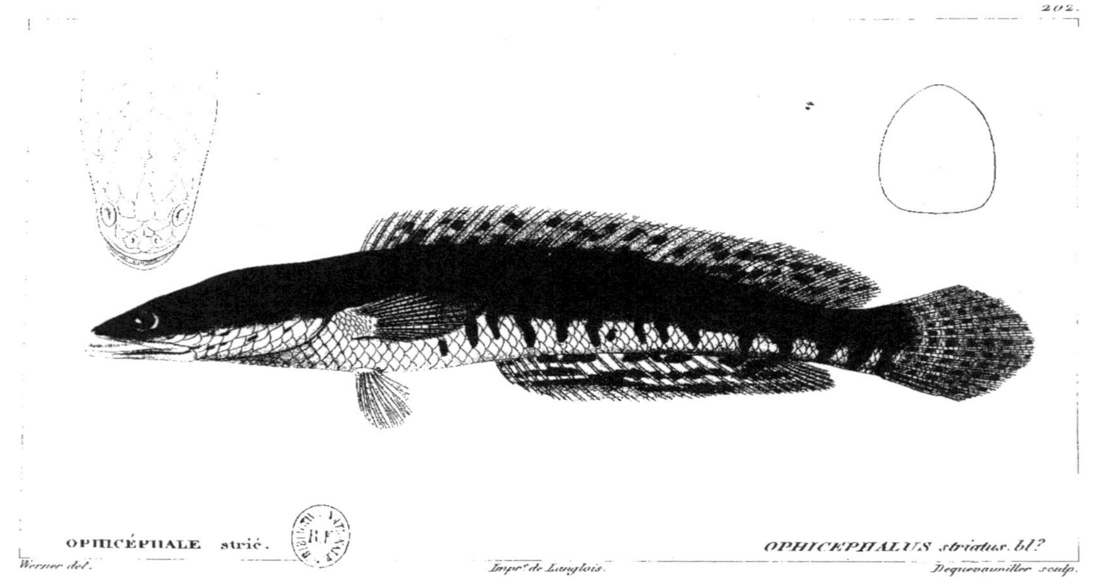

OPHICÉPHALE strié. *OPHICEPHALUS striatus. bl?*

Werner del. *Impr.e de Langlois.* *Dequevauviller sculp.*

203.

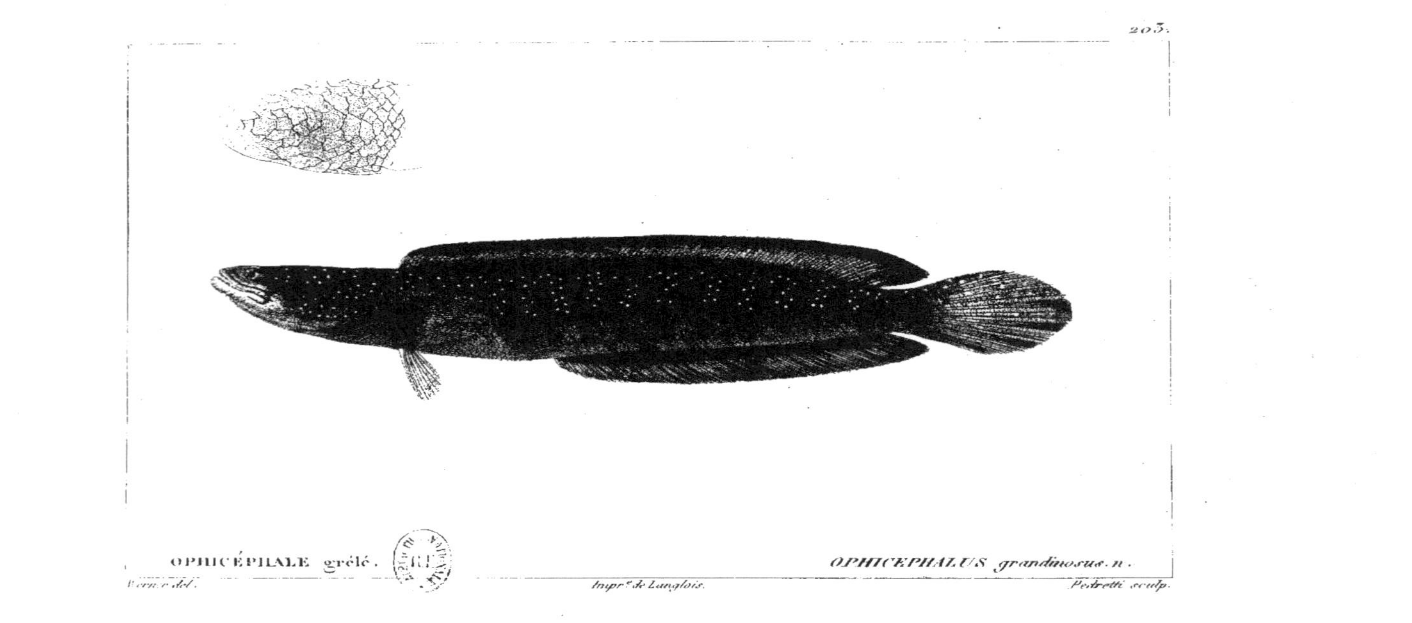

OPHICÉPHALE grêlé. OPHICEPHALUS grandinosus. n.

Werner del. Impr.ie de Langlois. Pedretti sculp.

204.

Laurillard del. — Impr. de Langlois. — Smith sculp.

1. Crane, 2. Os de l'épaule, 3 et 4. 1ers Interépineux de l'anale de l'Ephippus géant.

20

Spirobranche *du cap.*

Macropode *vert-doré.*

Colisa *vulgaire.*

Polyacanthe *d'Hasselt.*

Osphromène *gourami.*

Anabas *scandens.*

Laurillard del. *Impr. de Langlois.* *Smith sculp.*

Organes labyrinthiformes.

Osphromène *gourami, face interne.*

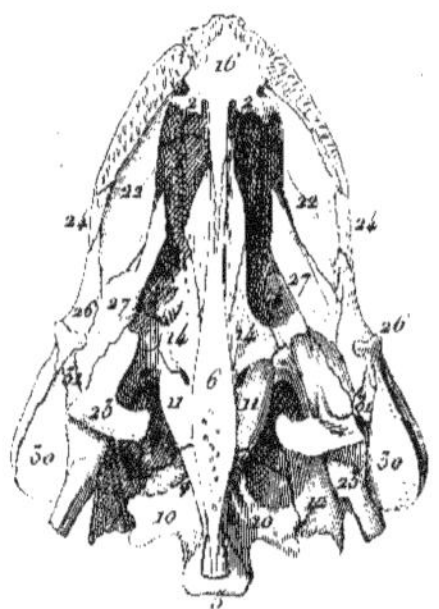

Ophicéphale *face infér.re du crane et face int. d'une partie des opercules.*

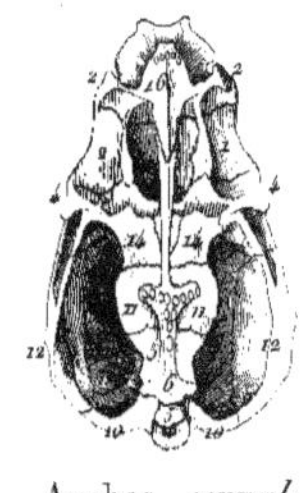

Anabas *sennal face infér. du crane.*

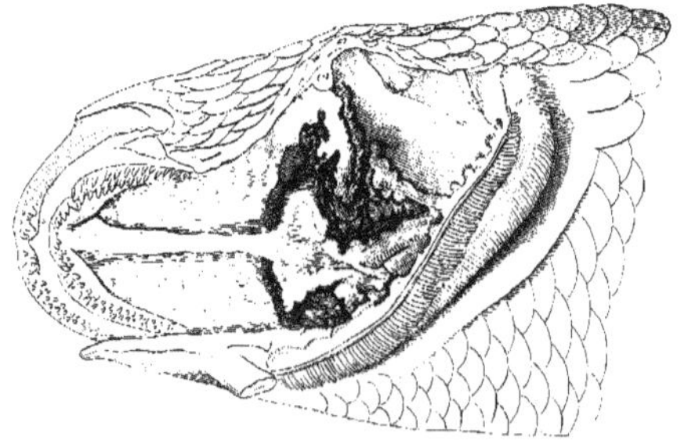

Ophicéphale *strié, organe labyrinthiforme.*

Laurillard del. *Impr.ie de Langlois.* *Smith sculp.*

207.

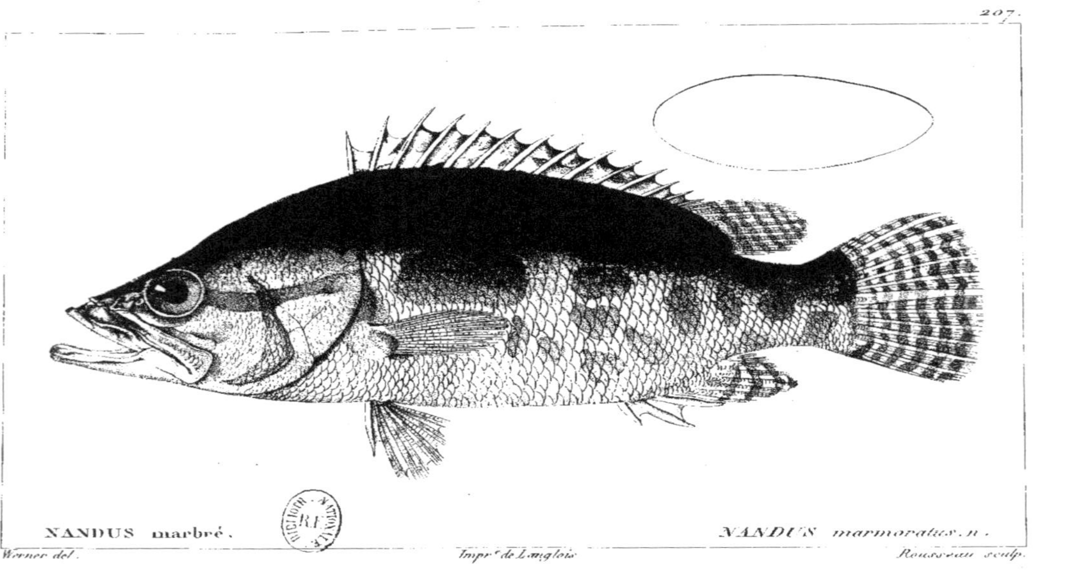

NANDUS marbré. NANDUS *marmoratus. n.*

Werner del. *Impr.^r de Langlois* *Rousseau sculp.*

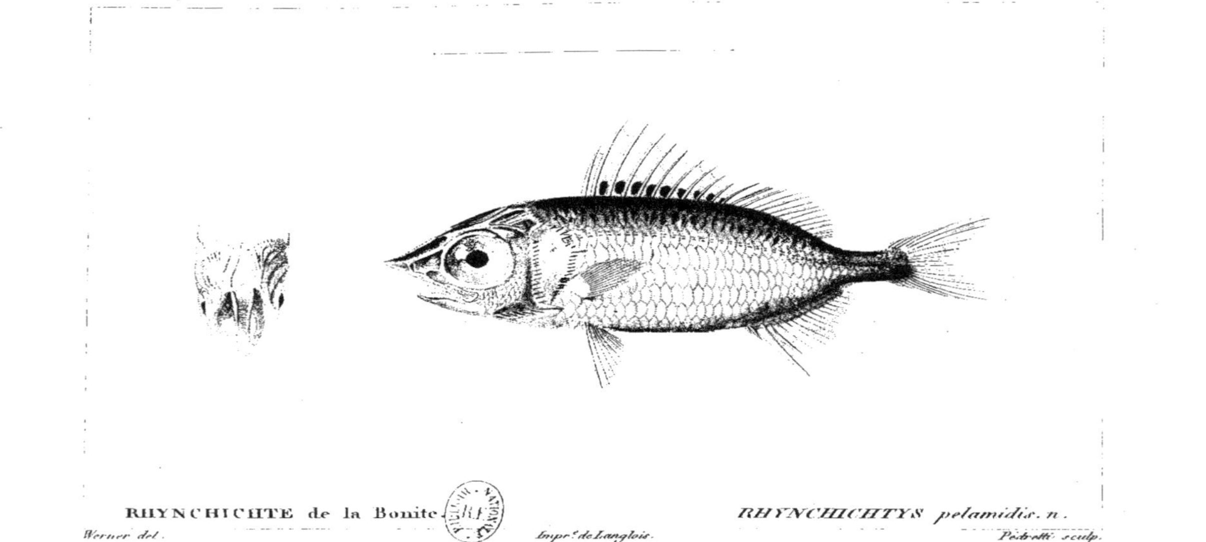

RHYNCHICHTE de la Bonite. *RHYNCHICHTYS pelamidis. n.*

Werner del. *Impr.^e de Langlois.* *Pedretti sculp.*

209.

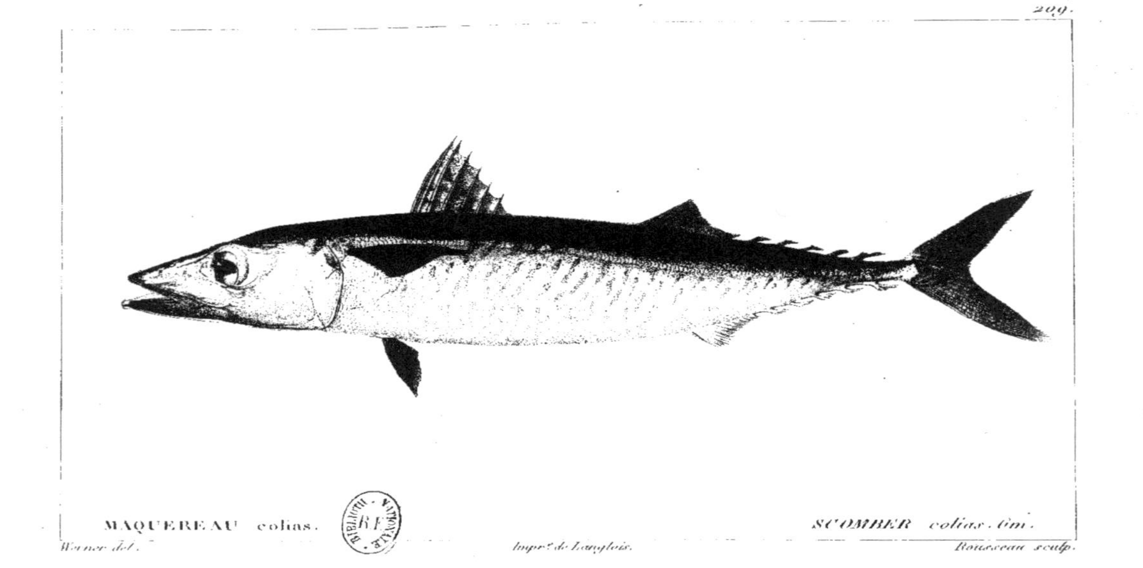

MAQUEREAU colias. SCOMBER colias. Cuv.

Werner del. Impr. de Langlois. Rousseau sculp.

THON commun. THYNNUS vulgaris. n.

Werner del. Impr.e de Langlois. Dequevauviller sculp.

2U.

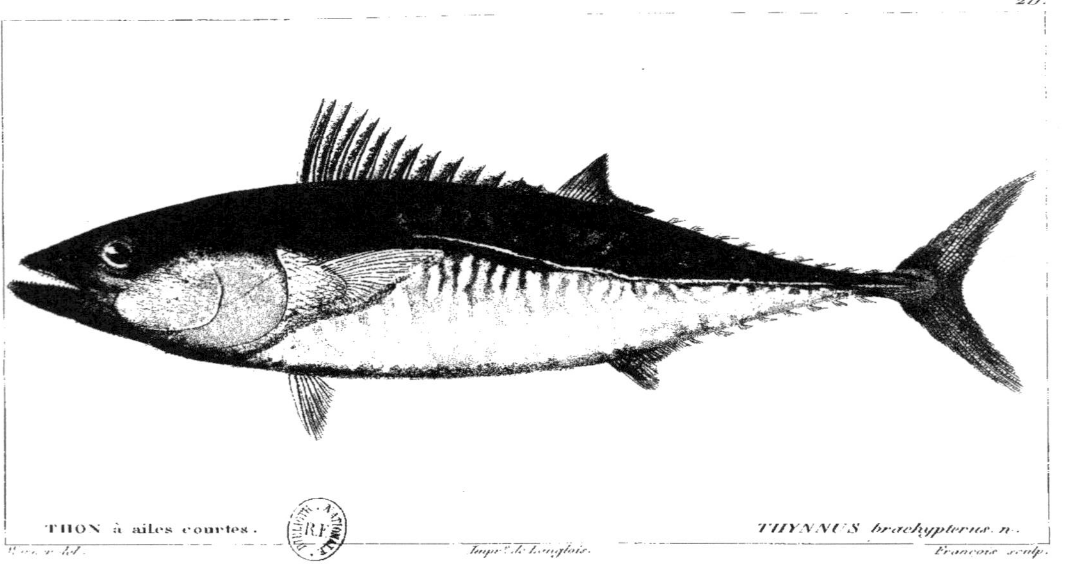

THON à ailes courtes. THYNNUS brachypterus. n.

Impr. de Langlois. François sculp.

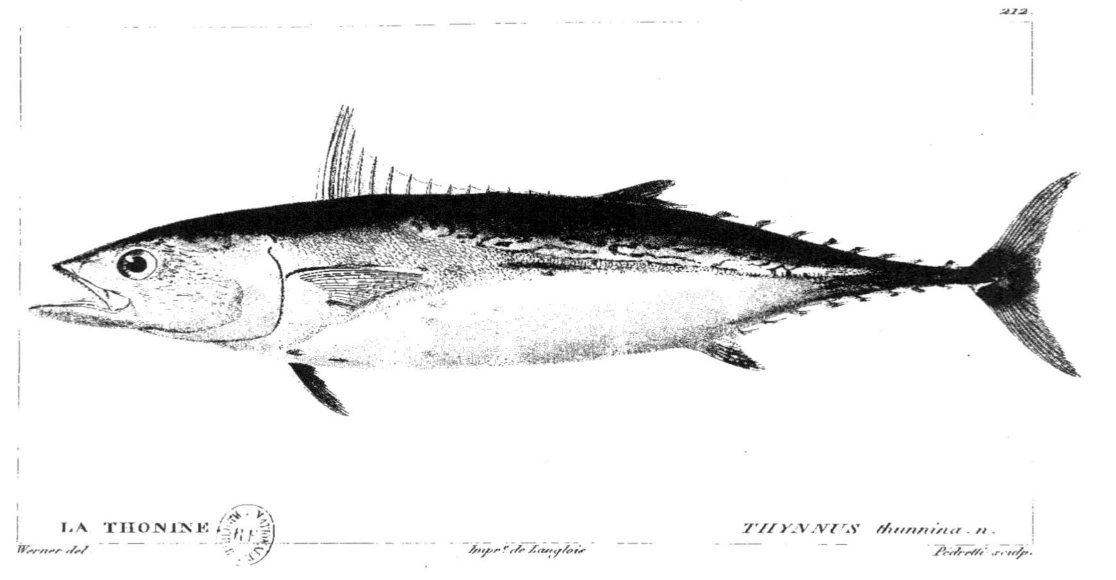

LA THONINE — THYNNUS *thunnina. n.*

Werner del. — *Imp.r de Langlois* — *Pedretti sculp.*

213.

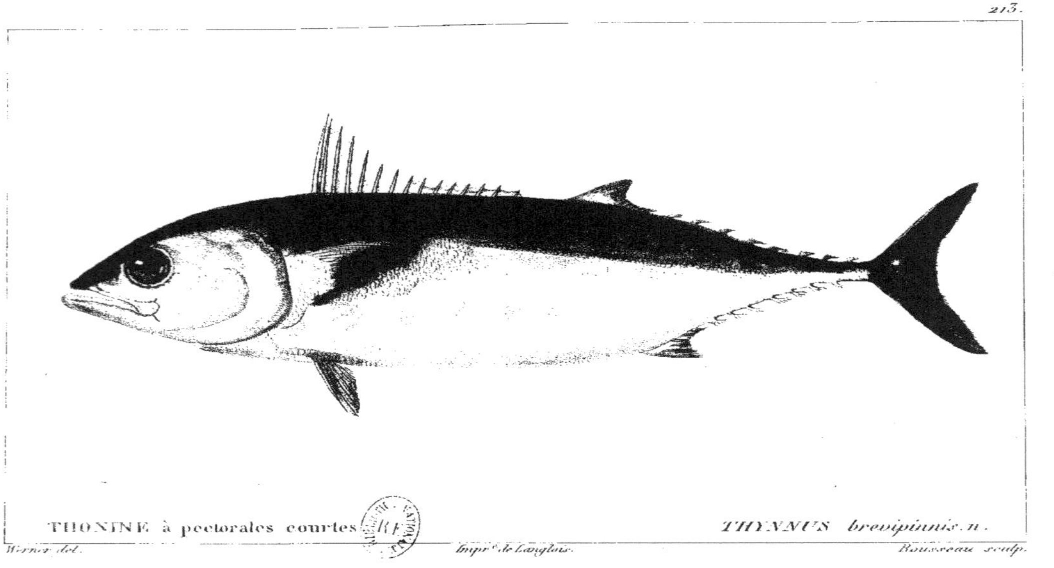

THONINE à pectorales courtes. *THYNNUS brevipinnis. n.*

Werner del. *Impr.e de Langlois.* *Rousseau sculp.*

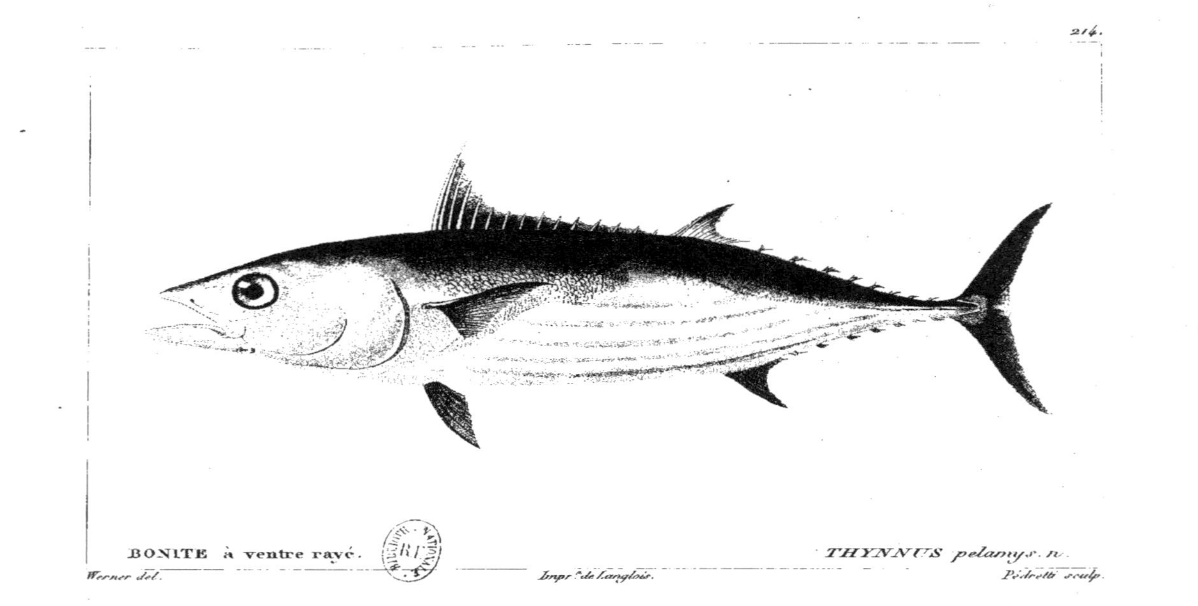

BONITE à ventre rayé. THYNNUS pelamys. n.

Werner del. Impr.e de Langlois. Pédretti sculp.

215.

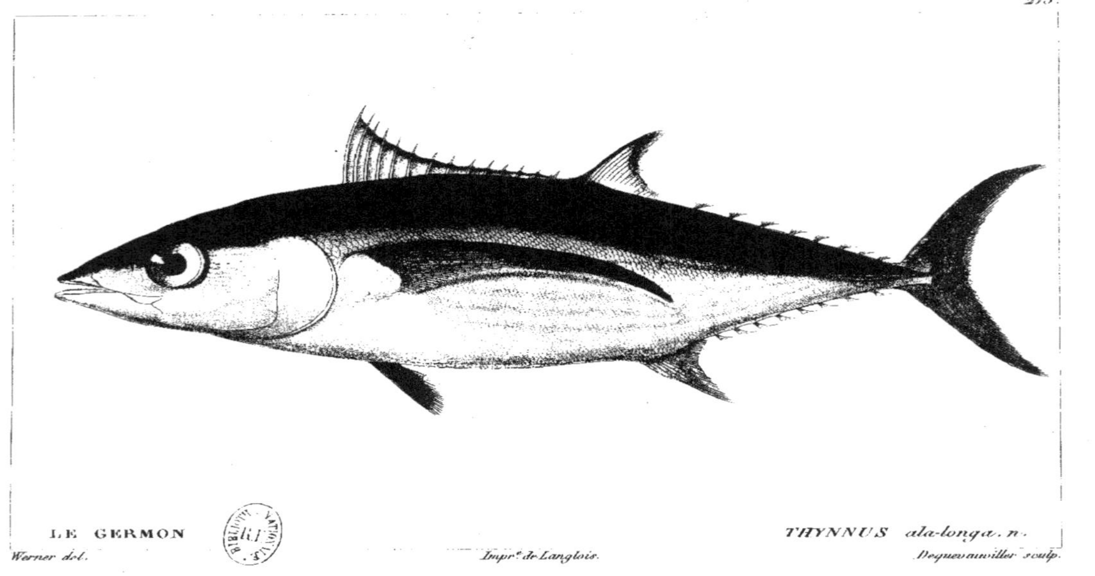

LE GERMON — THYNNUS *ala-longa. n.*

Werner del. — *Impr.e de Langlois.* — *Dequevauviller sculp.*

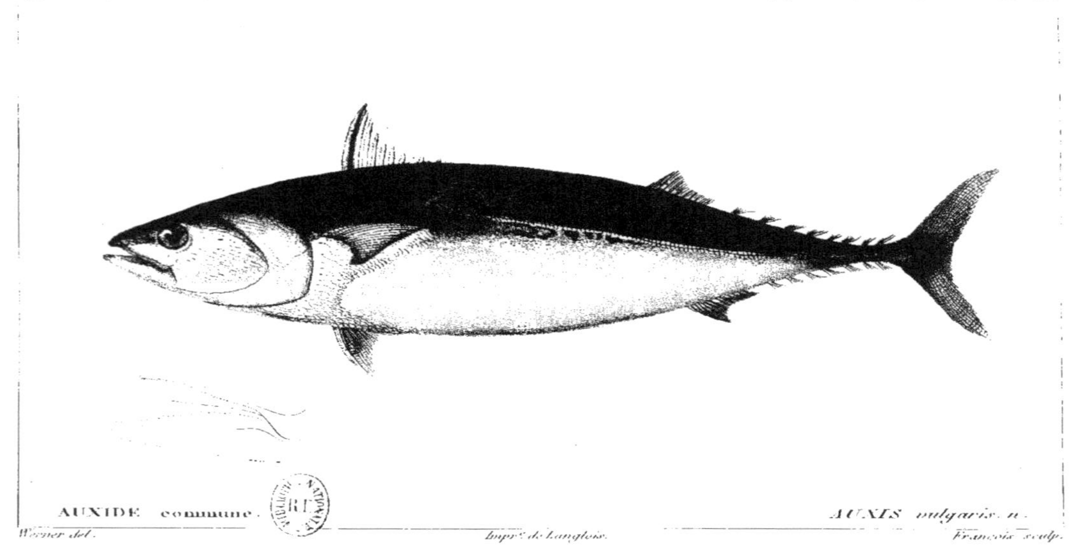

AUXIDE commune. AUXIS vulgaris. n.

Werner del. Impr.ie de Langlois. François sculp.

217.

PELAMIDE commune. *PELAMIS sarda. n.*

Werner del. *Impr.e de Langlois.* *François sculp.*

TASSARD batteur. *CYBIUM tritor. n.*

Werner del. *Impr.ie de Langlois.* *Dequevauviller sculp.*

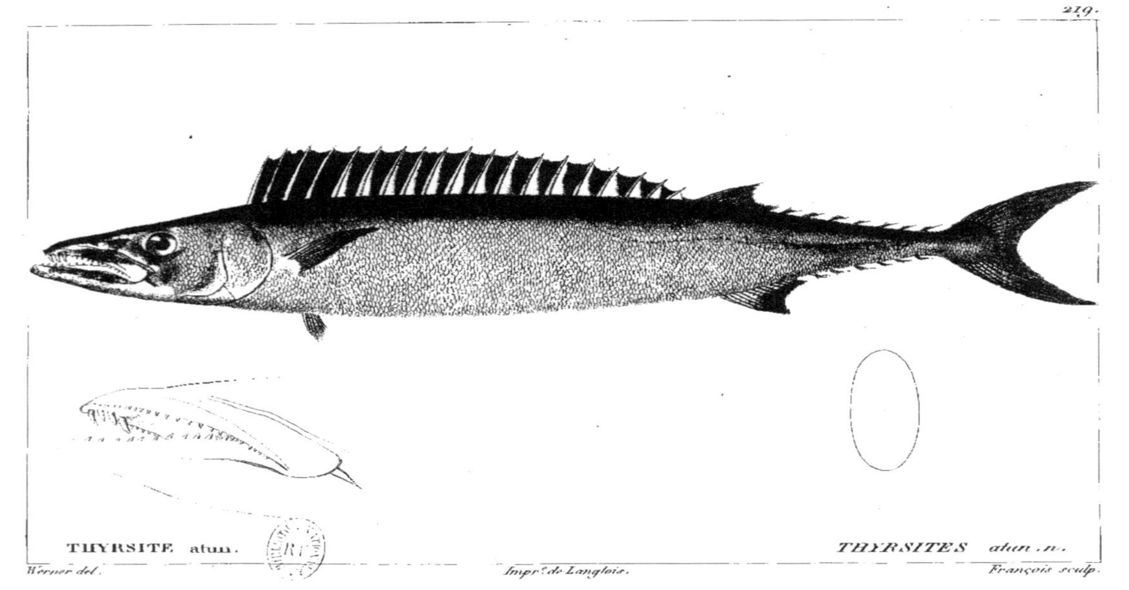

THYRSITE atun. *THYRSITES atun. n.*

Werner del. *Impr.e de Langlois.* *François sculp.*

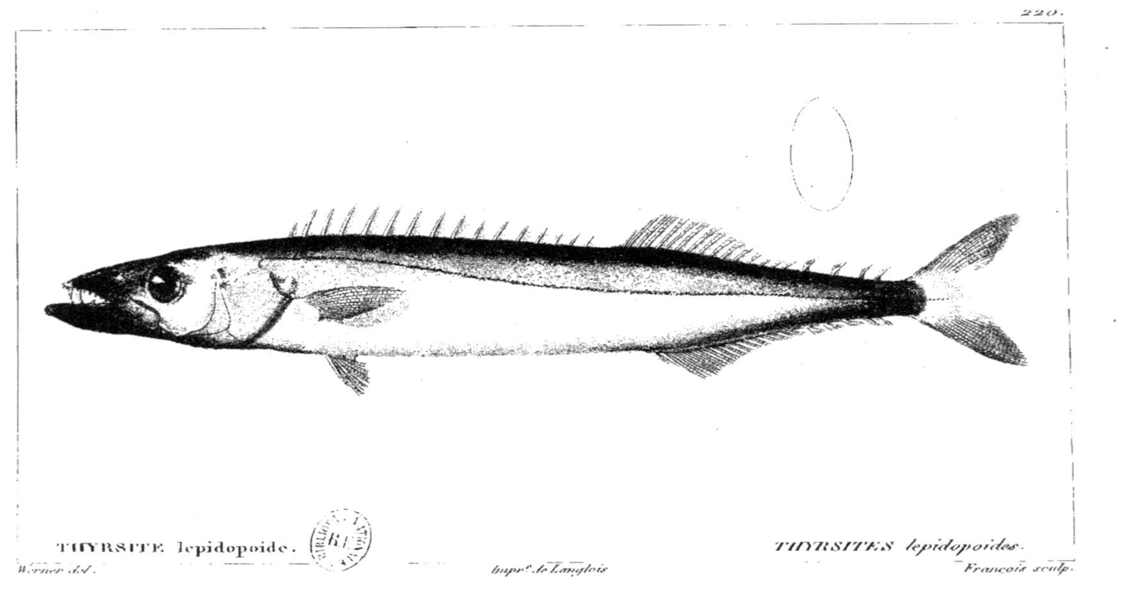

THYRSITE lepidopoide. THYRSITES lepidopoides.

Werner del. Impr.e de Langlois François sculp.

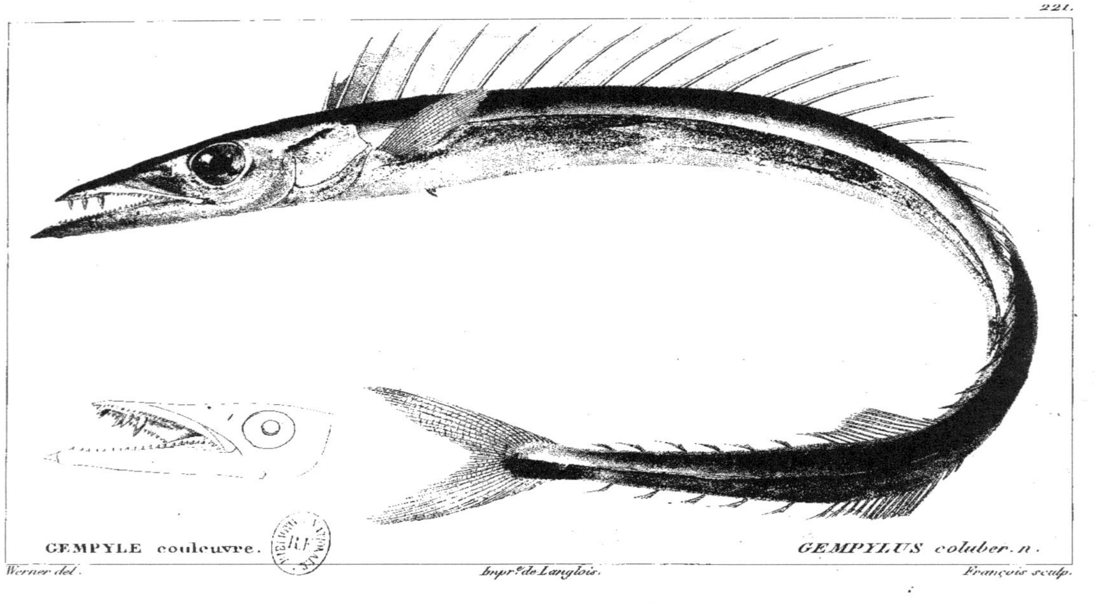

GEMPYLE couleuvre. GEMPYLUS coluber. n.

Werner del. Impr.e de Langlois. François sculp.

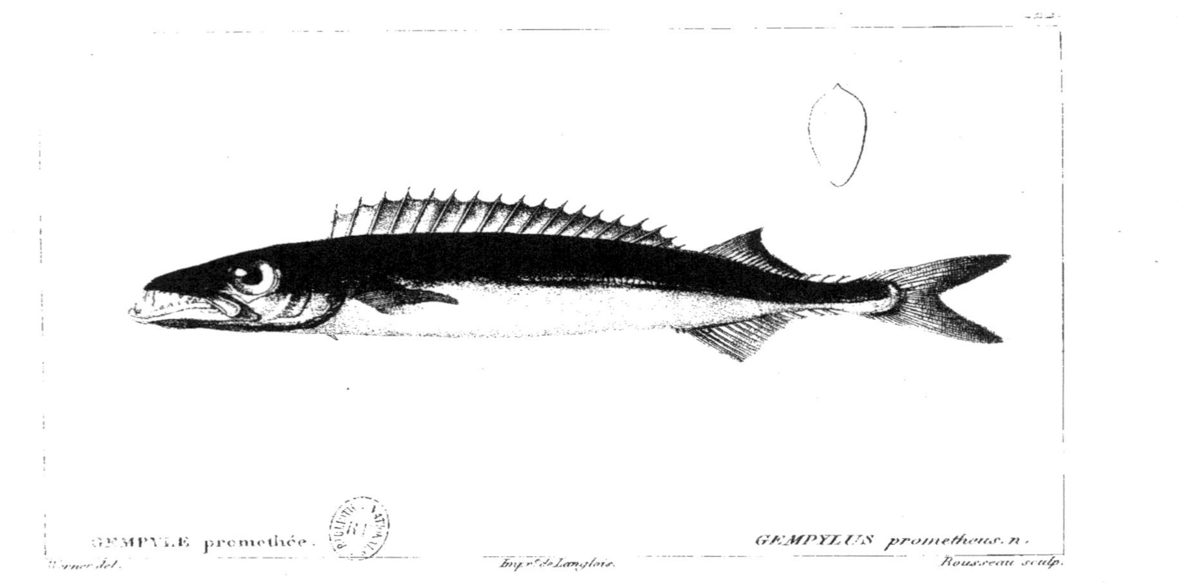

GEMPYLE promethée. GEMPYLUS prometheus. n.

Werner del. Impr. de Langlois. Rousseau sculp.

223.

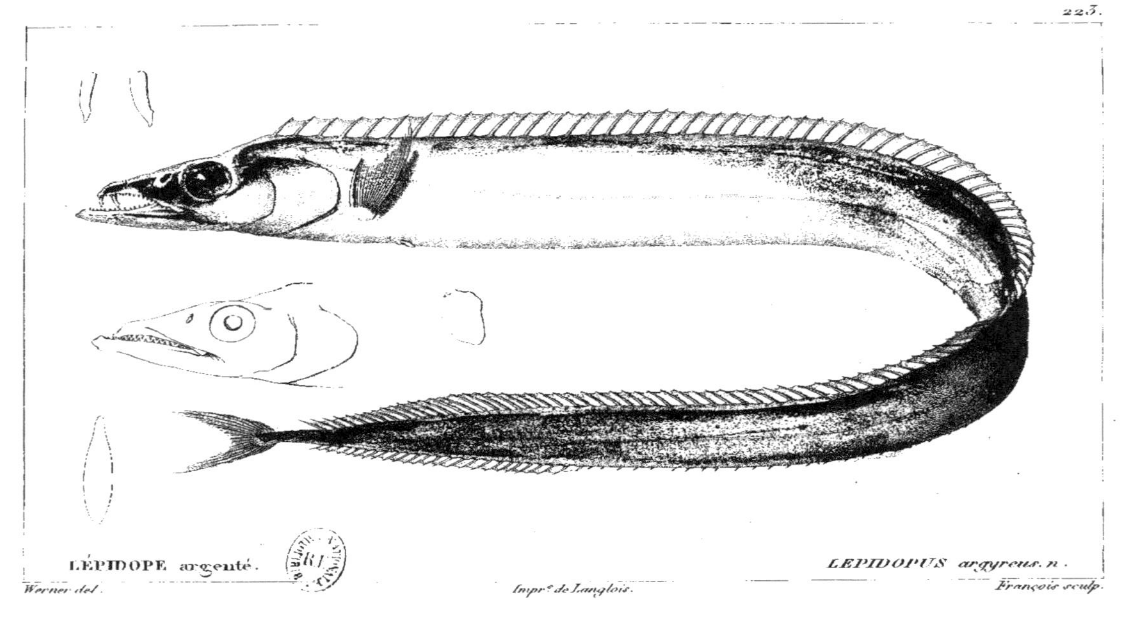

LÉPIDOPE argenté. LEPIDOPUS argyreus. n.

Werner del. Impr.e de Langlois. François sculp.

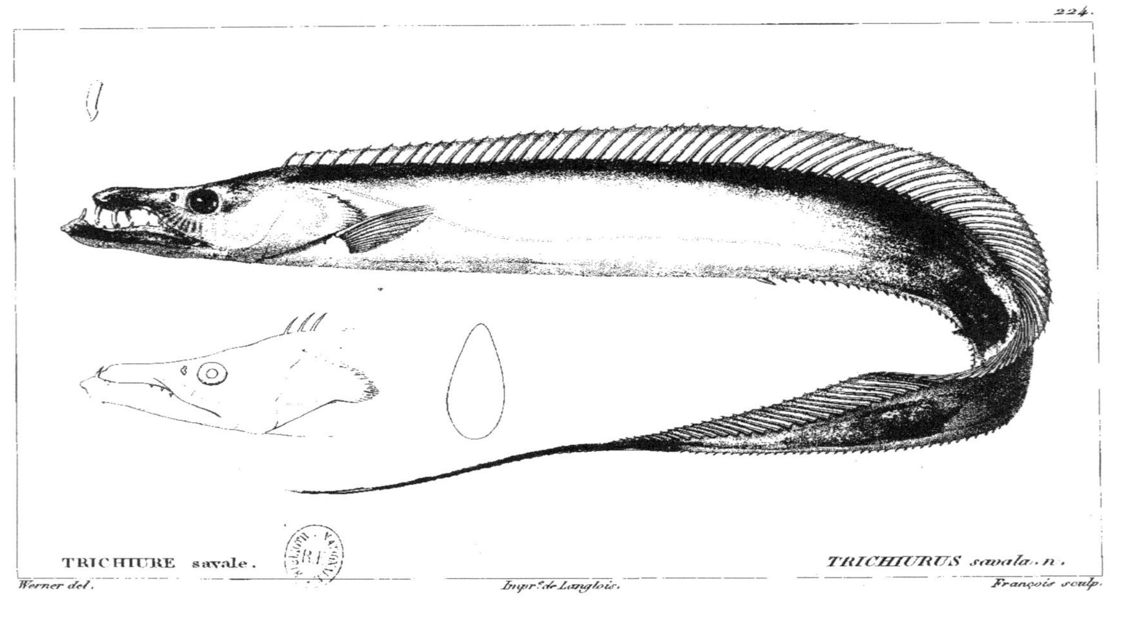

TRICHIURE savale. TRICHIURUS savala. n.

Werner del. Impr. de Langlois. François sculp.

ESPADON épée, *jeune.* — *XIPHIAS gladius, junior.*

ESPADON épée, *adulte.* — *XIPHIAS gladius, L.*

Werner del. — *Impr.^e de Langlois* — *Dequevauviller sculp.*

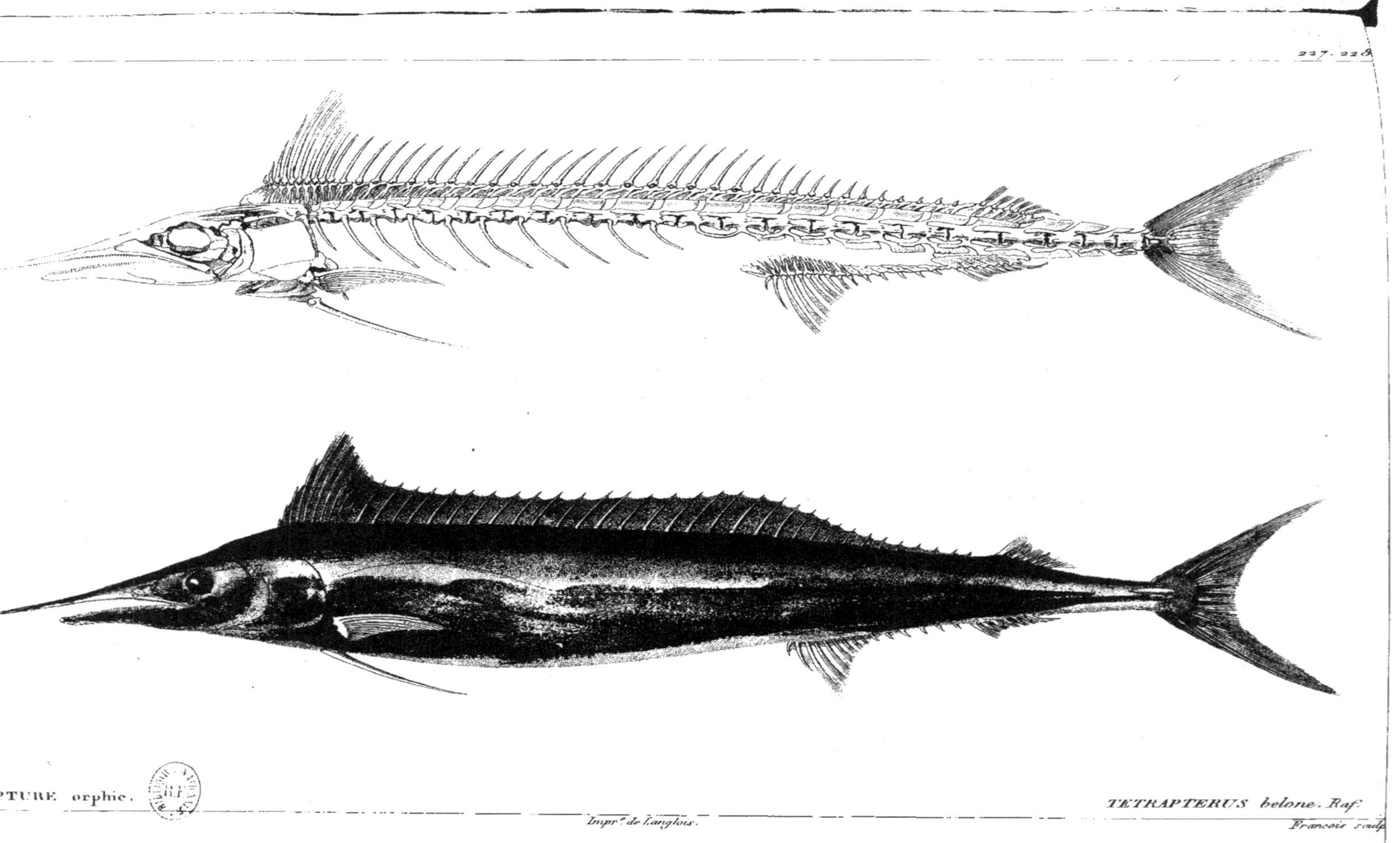

PTURE orphie.

TETRAPTERUS belone. Raf.

Impr.e de Langlois.

François sculp.

229 et 230.

IOPHORE des Indes. *HISTIOPHORUS Indicus. nob.*

IOPHORE joli. *HISTIOPHORUS pulchellus.*

r del. *Impr.e de Langlois.* *Dequevauviller sculp.*

Fig. 1.

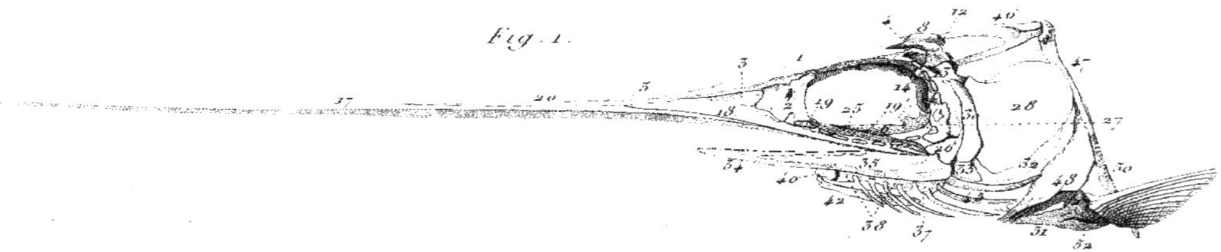

Fig. 2.

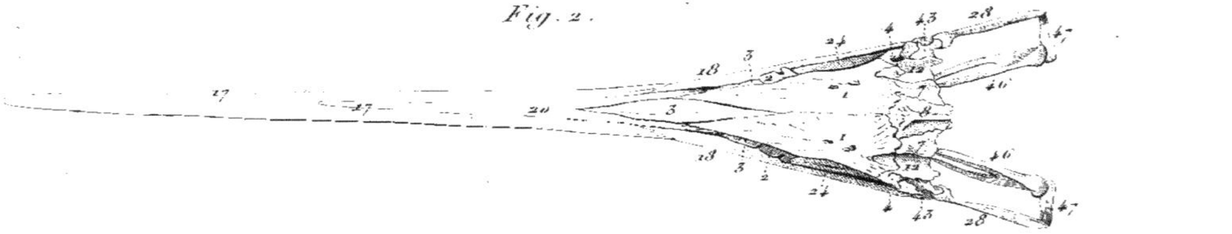

Tête osseuse de l'ESPADON. F. 1. de côté. F. 2. en dessus.

Werner del. Impr.e de Langlois. Pédretti sculp.

NAUCRATE pilote. NAUCRATES ductor. L.

Werner del. *Impr. de Langlois.* *Pedretti sculp.*

233.

ÉLACATE de l'atlantique. — *ELACATE atlantica. n.*

Vern. del. — *Impr. de Langlois.* — *Pedretti sculp.*

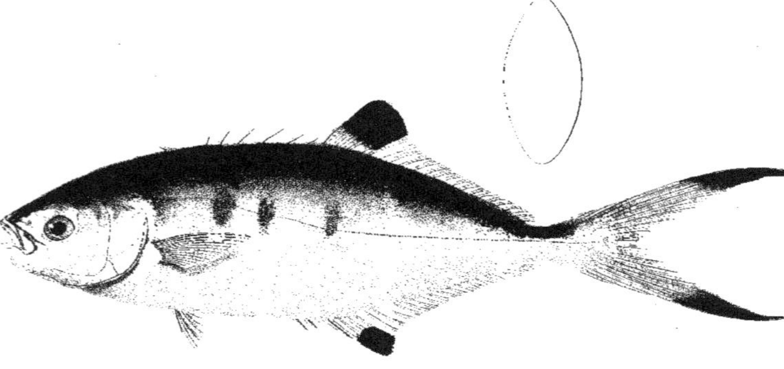

LICHE glaycos. — *LICHIA glaycos. n.*

Werner del. — *Impr.^e de Langlois.* — *Pedretti sculp.*

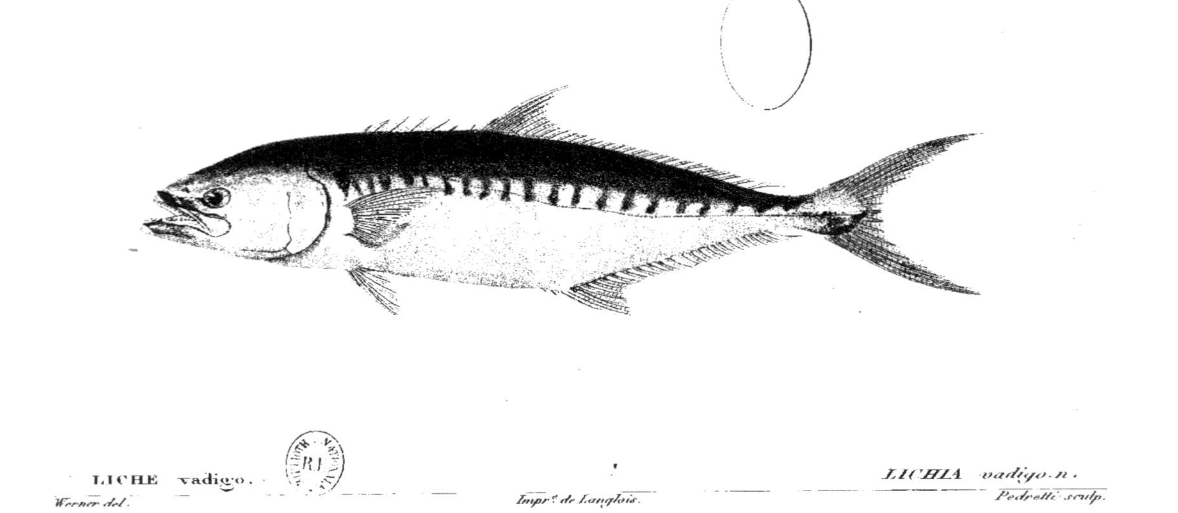

LICHE vadigo. LICHIA vadigo.n.

Werner del. Impr.ᵉ de Langlois. Pedretti sculp.

CHORINÈME Saint Pierre. *CHORINEMUS Sancti Petri. n.*

Werner del. *Impr. de Langlois.* *Dequevauviller sculp.*

TRACHINOTE pampre. TRACHINOTUS pampanus. n.

Werner del. Impr.ie de Langlois. Pedretti sculp.

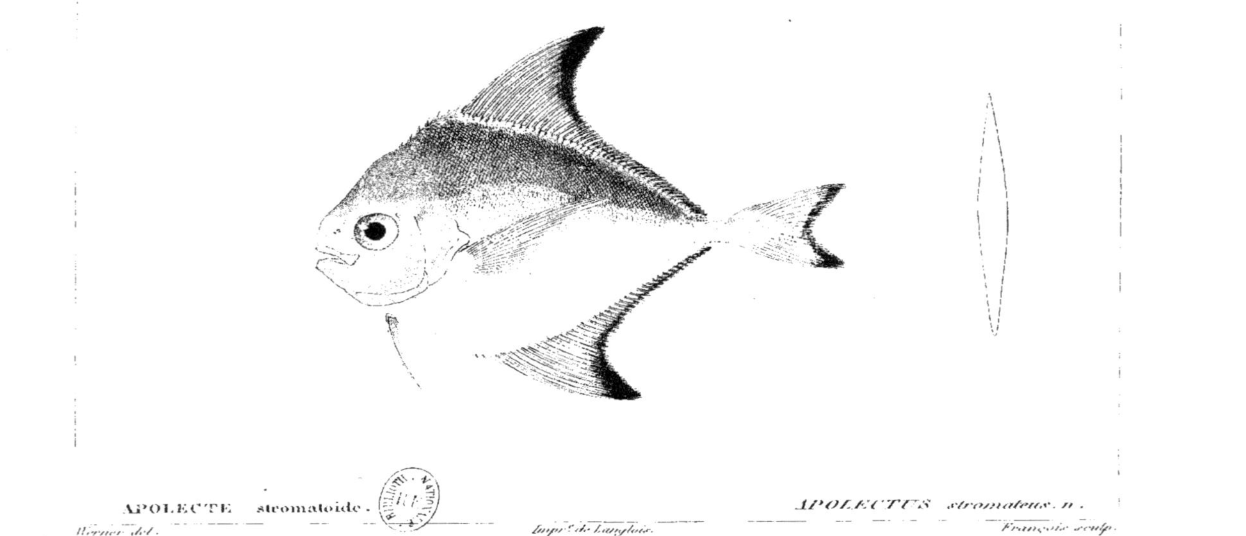

APOLECTE stromatoïde. APOLECTUS stromateus. n.

Werner del. Impr.ie de Langlois. François sculp.

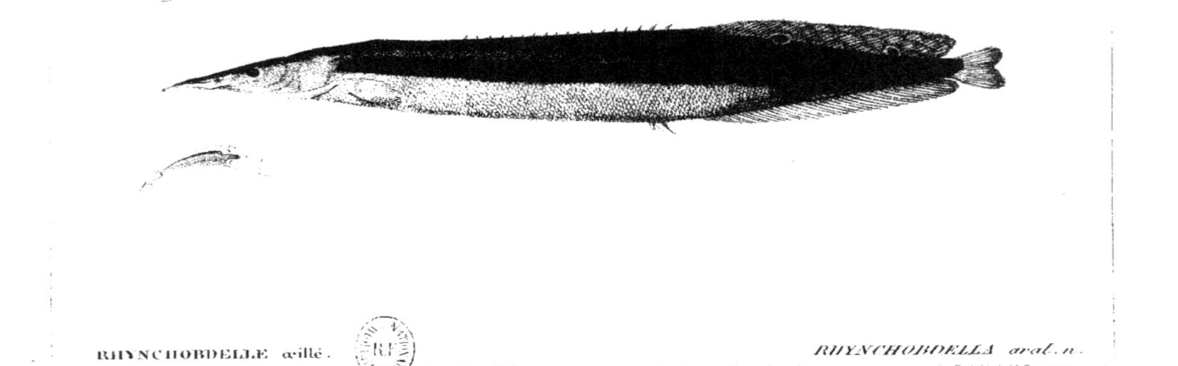

RHYNCHOBDELLE œillé.

RHYNCHOBDELLA aral. n.

Werner del. *Impr. de Langlois.* *Corbié sculp.*

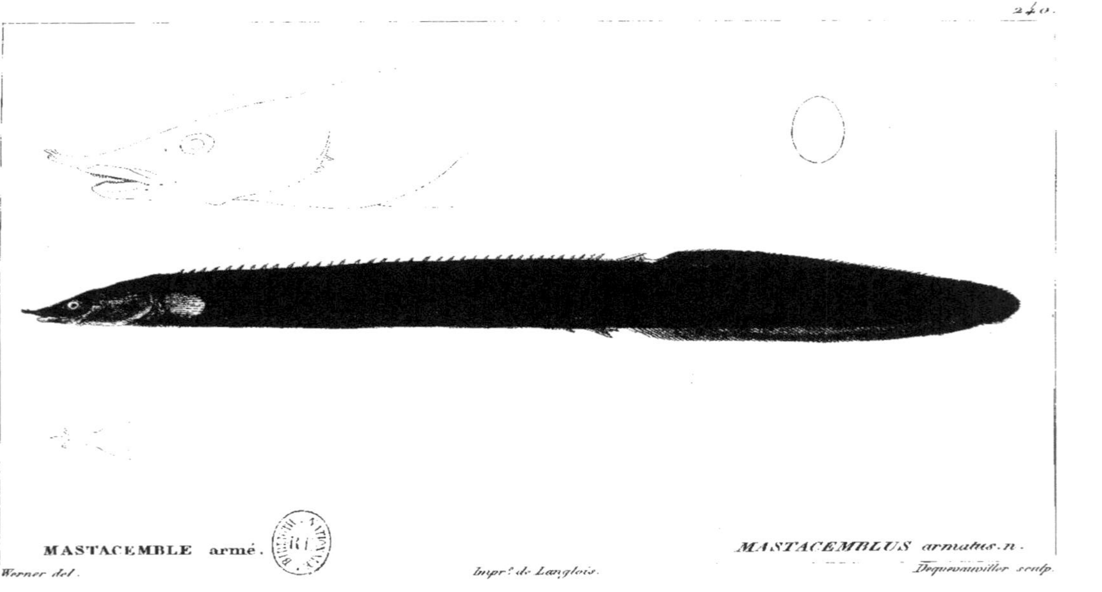

MASTACEMBLE armé. *MASTACEMBLUS armatus. n.*

Werner del. *Impr.ᵉ de Langlois.* *Dequevauviller sculp.*

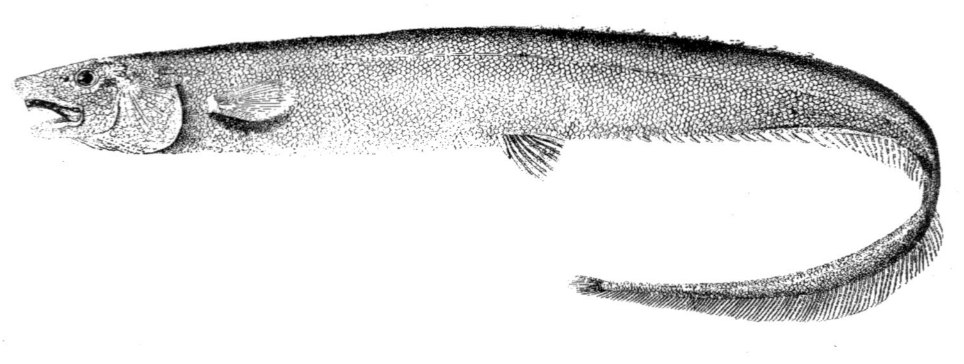

LE NOTACANTHE. *NOTACANTHUS nasus. Bl.*

Werner del. *Impr.^r de Langlois.* *Pedretti sculp.*

242.

APLODACTYLE ponctué. *APLODACTYLUS punctatus. n.*

Werner del. *Impr.ie de Langlois.* *Pedretti sculp.*

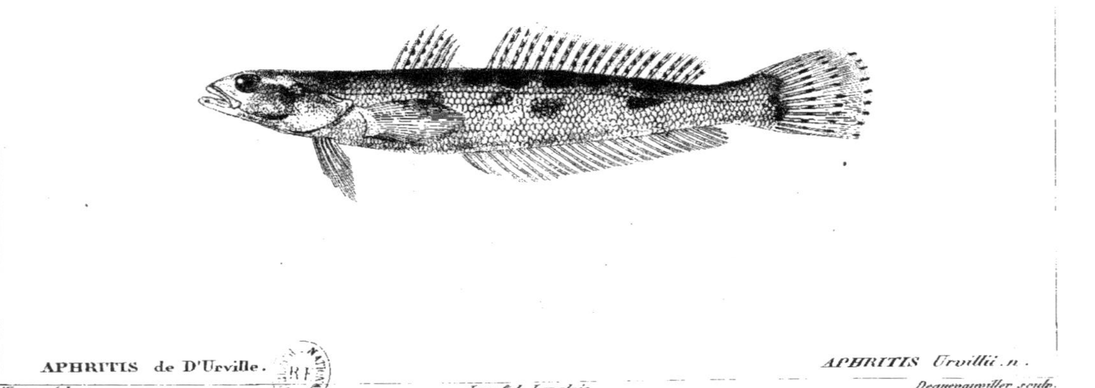

APHRITIS de D'Urville. — *APHRITIS Urvillii. n.*

Werner del. — *Impr.e de Langlois.* — *Dequevauviller sculp.*

BOVICHTE diacanthe. *BOVICHTUS diacanthus. n.*

Werner del. *Impr.ie de Langlois.* *Dequevauviller sculp.*

243.

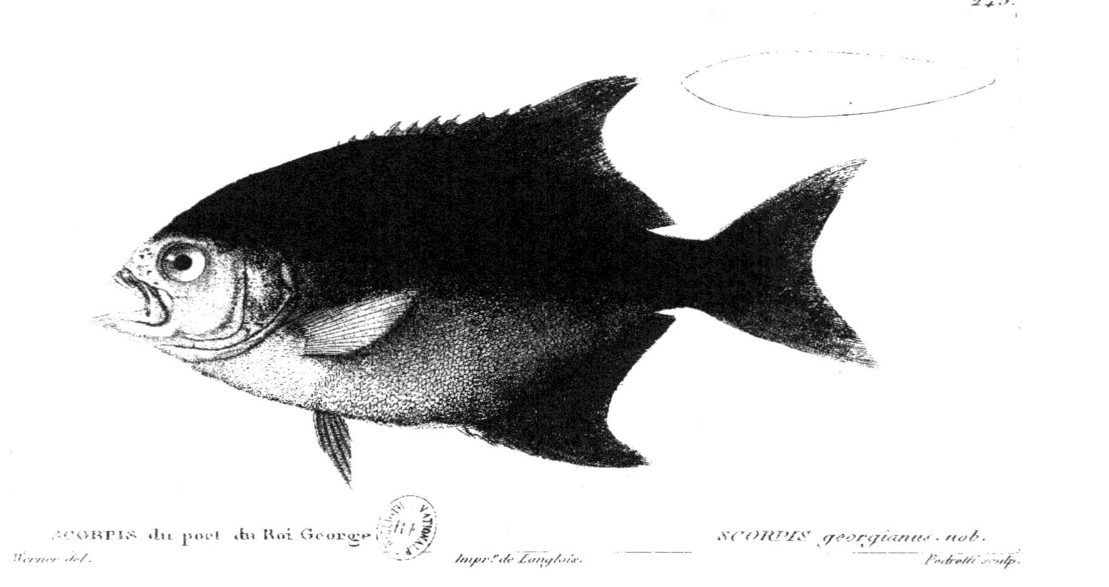

SCORPIS du port du Roi George — *SCORPIS georgianus. nob.*

Werner del. — *Impr. de Langlois.* — *Pedretti sculp.*

24

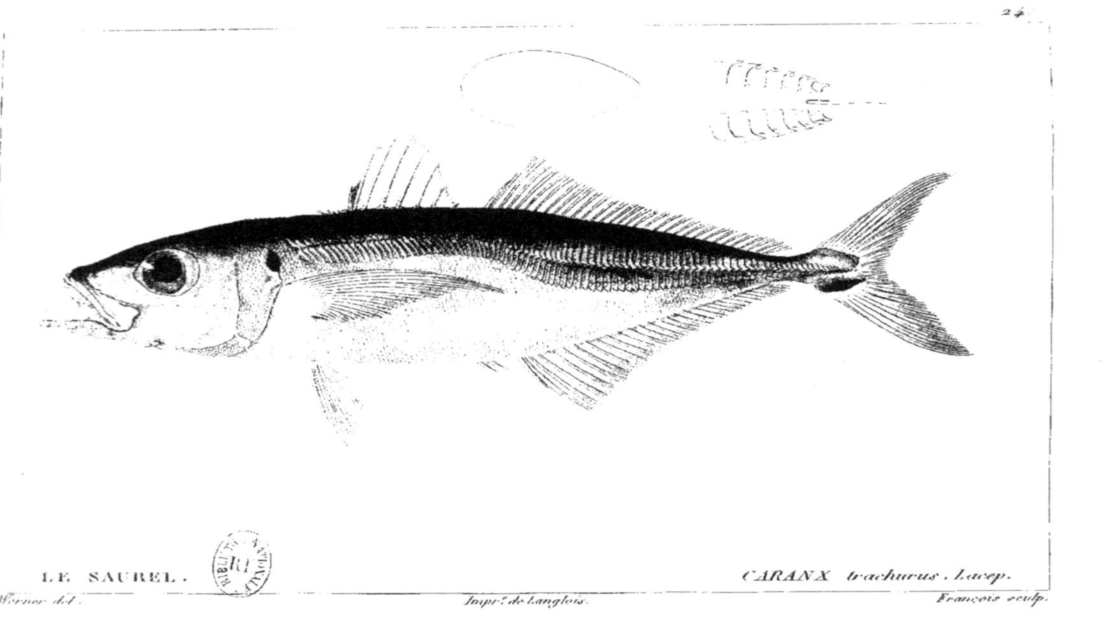

LE SAUREL. CARANX trachurus. Lacep.

Werner del. Impr.ᵉ de Langlois. François sculp.

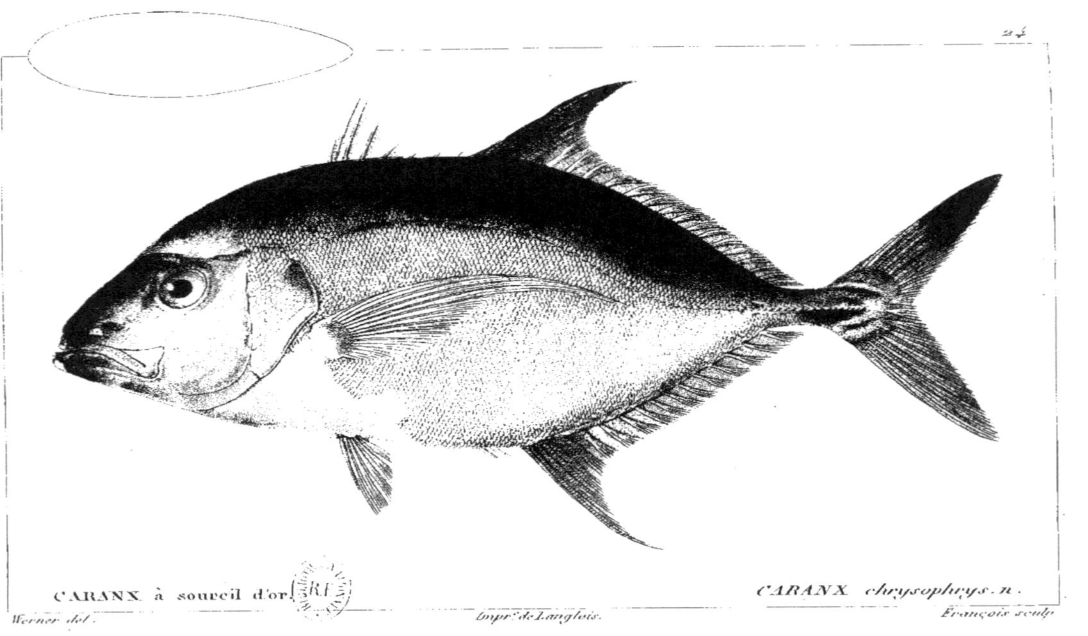

CARANX à sourcil d'or. CARANX chrysophrys. n.

Werner del. Impr.e de Langlois. François sculp.

248.

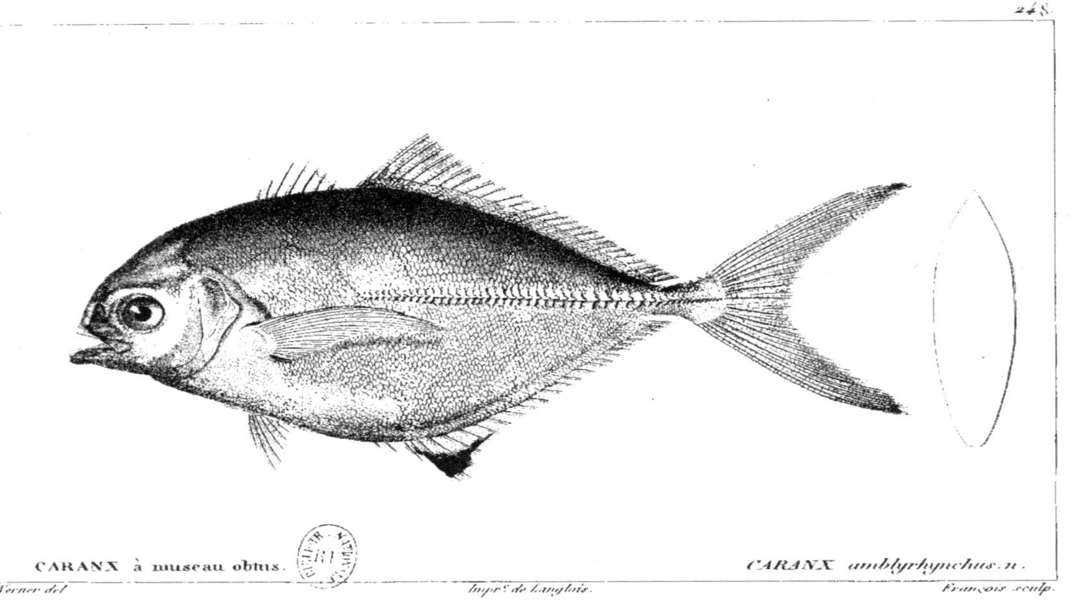

CARANX à museau obtus. CARANX *amblyrhynchus. n.*

Werner del. *Impr.e de Langlois.* *François sculp.*

249.

CARANX de l'Ascension.   *CARANX ascensionis. nob.*

Werner del.   *Impr.^e de Langlois.*   *Pedretti sculp.*

250.

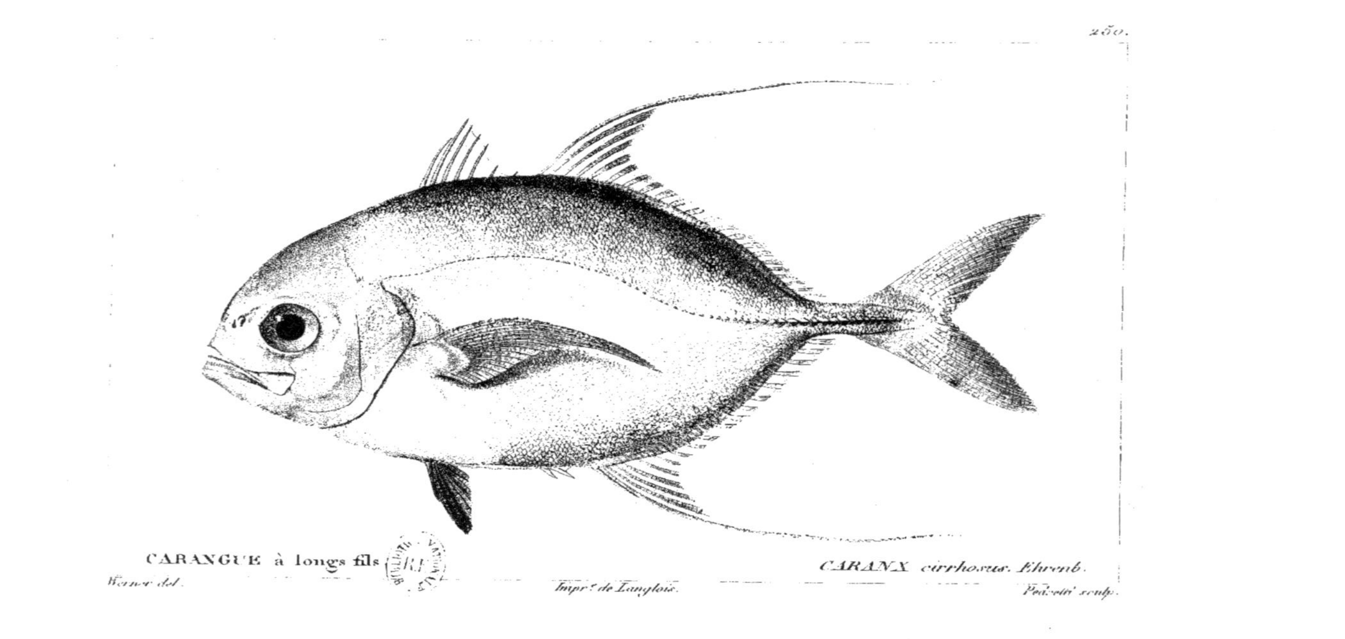

CARANGUE à longs fils — *CARANX cirrhosus. Ehrenb.*

Werner del. — *Impr.^r de Langlois.* — *Pedretti sculp.*

2

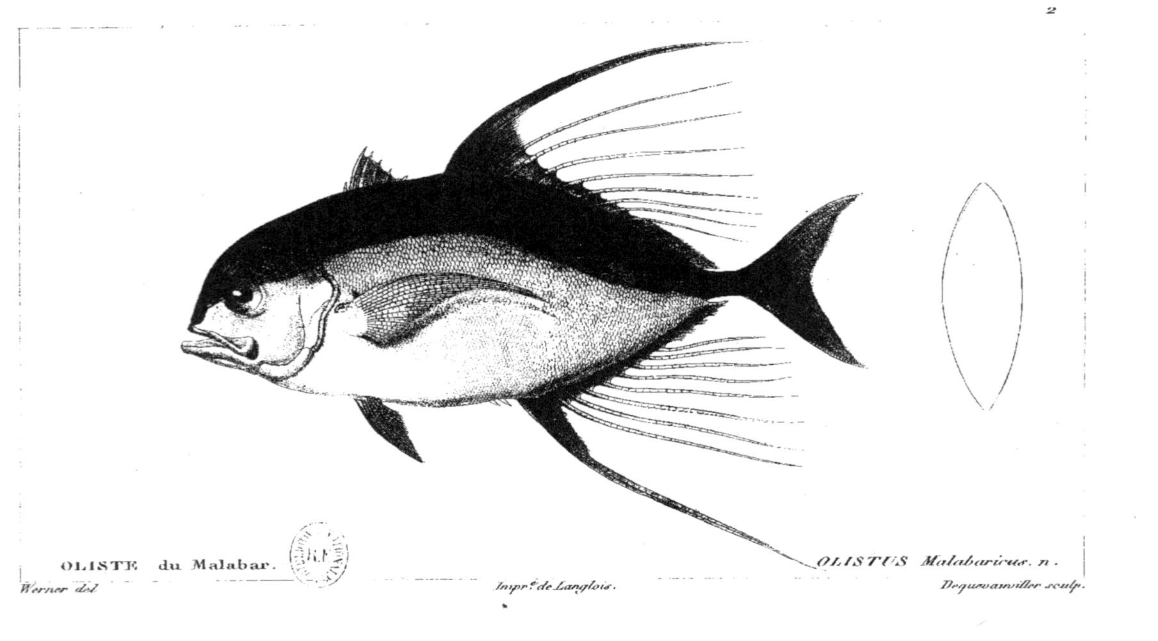

OLISTE du Malabar. *OLISTUS Malabaricus. n.*

Werner del. *Impr.ie de Langlois.* *Dequevauviller sculp.*

SCYRIS des indes. SCYRIS indica. n.

Werner del. Impr.^e de Langlois. François sculp.

25

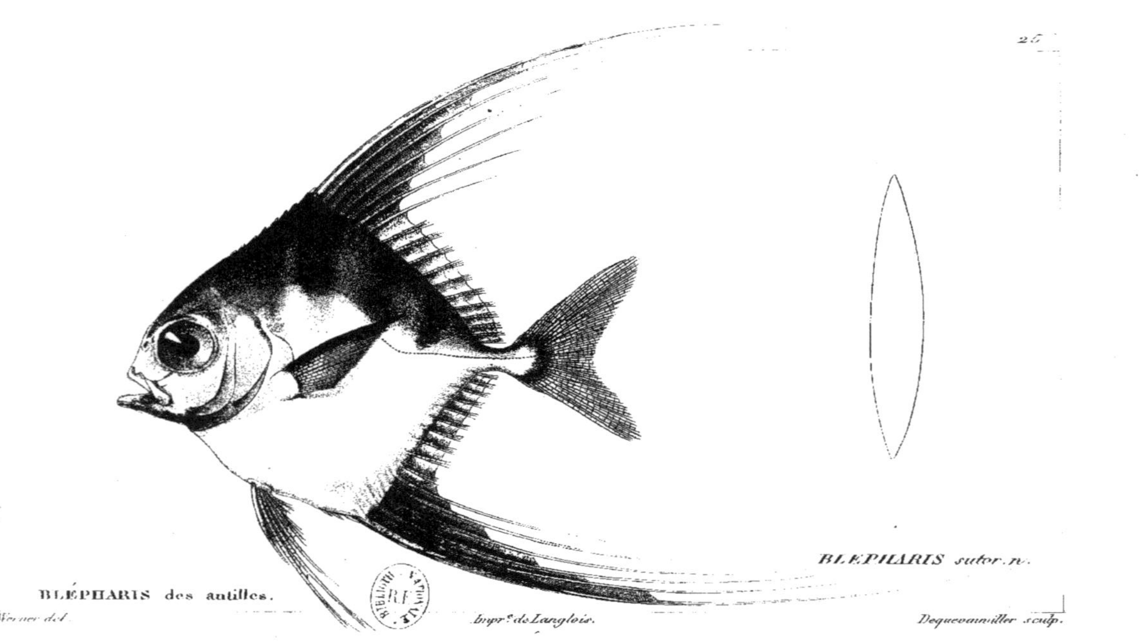

BLÉPHARIS des antilles.

BLEPHARIS sutor. n.

Werner del. Impr.ie de Langlois. Dequevauviller sculp.

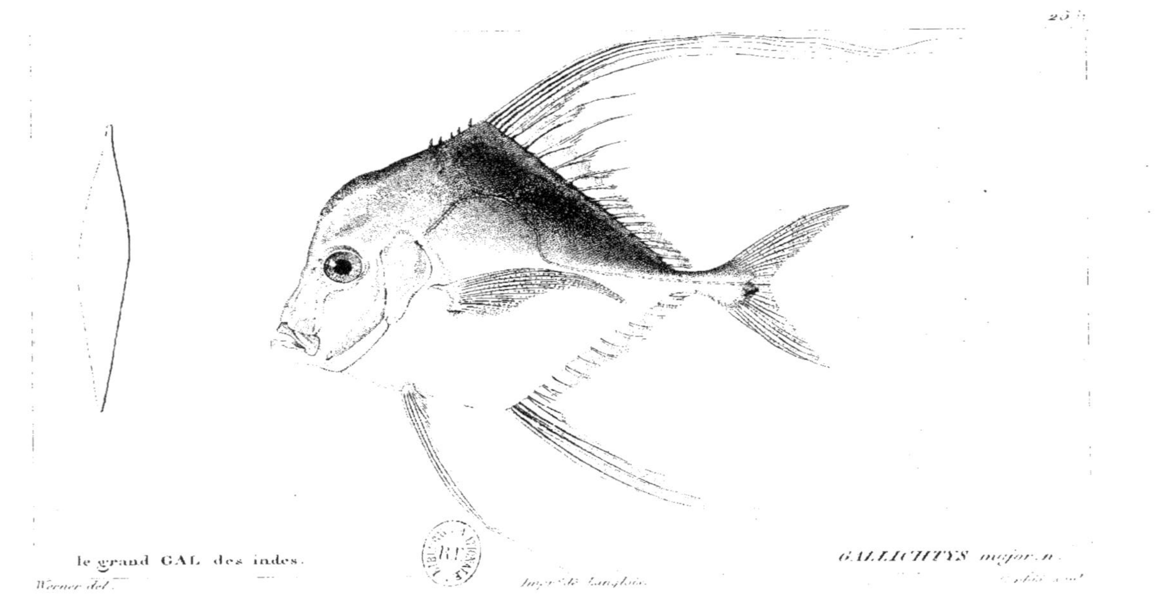

le grand GAL des indes.

GALLICHTYS major. n.

Werner del.

Impr. de Langlois.

ARGYRÉIOSE abacatuia. *n.*

ARGYREYOSUS vomer. Lacép.

Werner del. *Impr.e de Langlois.* *Dequevauviller sculp.*

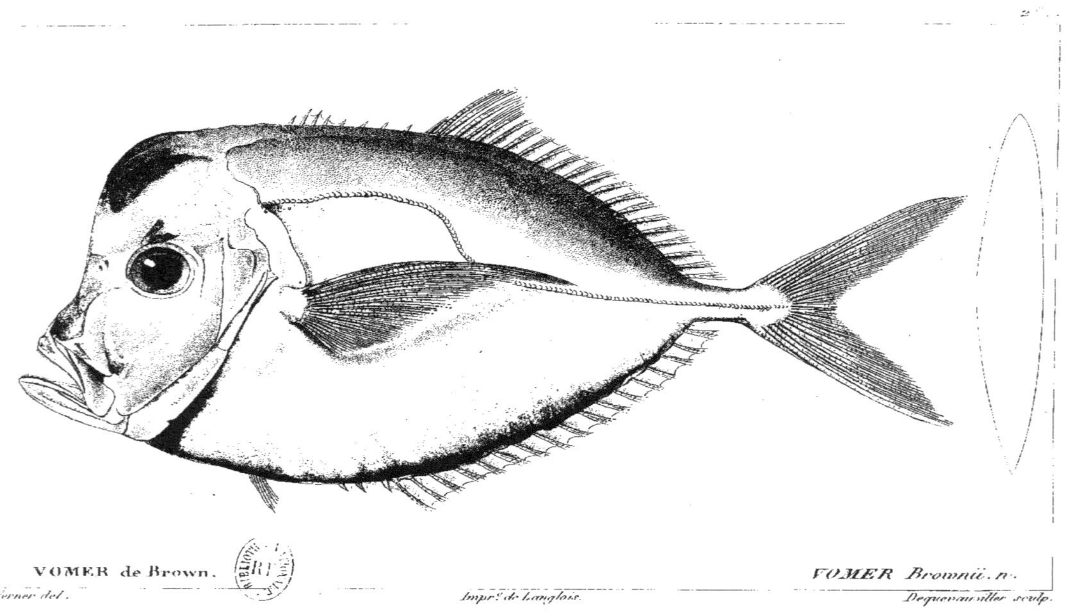

2

VOMER de Brown. | *VOMER Brownii. n.*

Werner del. | *Impr.ie de Langlois.* | *Dequevauviller sculp.*

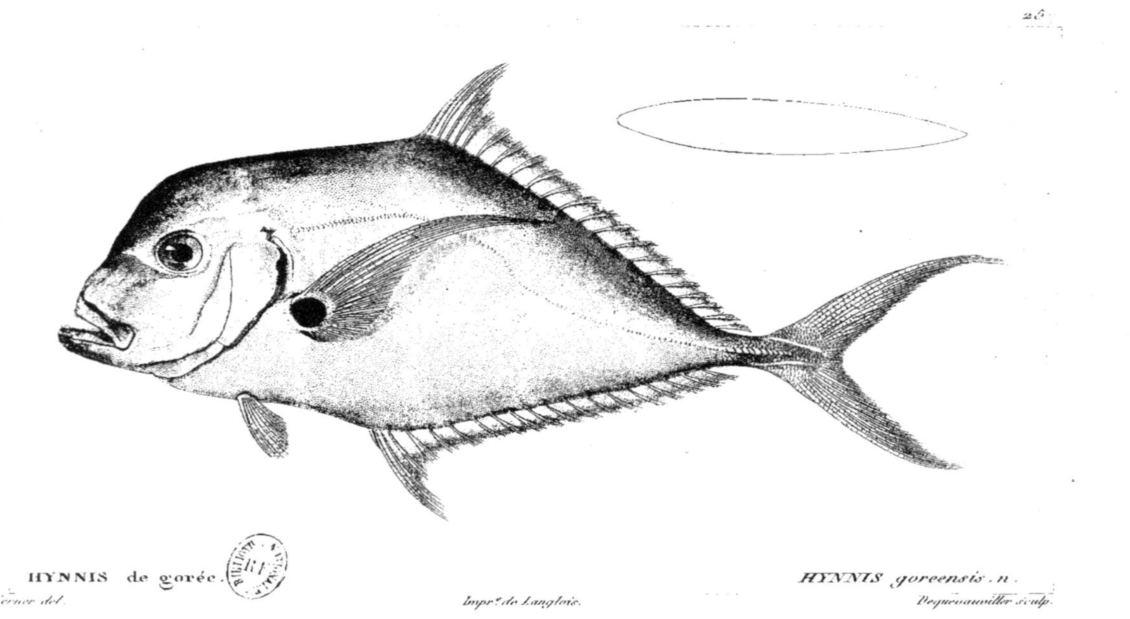

HYNNIS de gorée. *HYNNIS goreensis. n.*

Werner del. *Impr.ᵉ de Langlois.* *Dequevauviller sculp.*

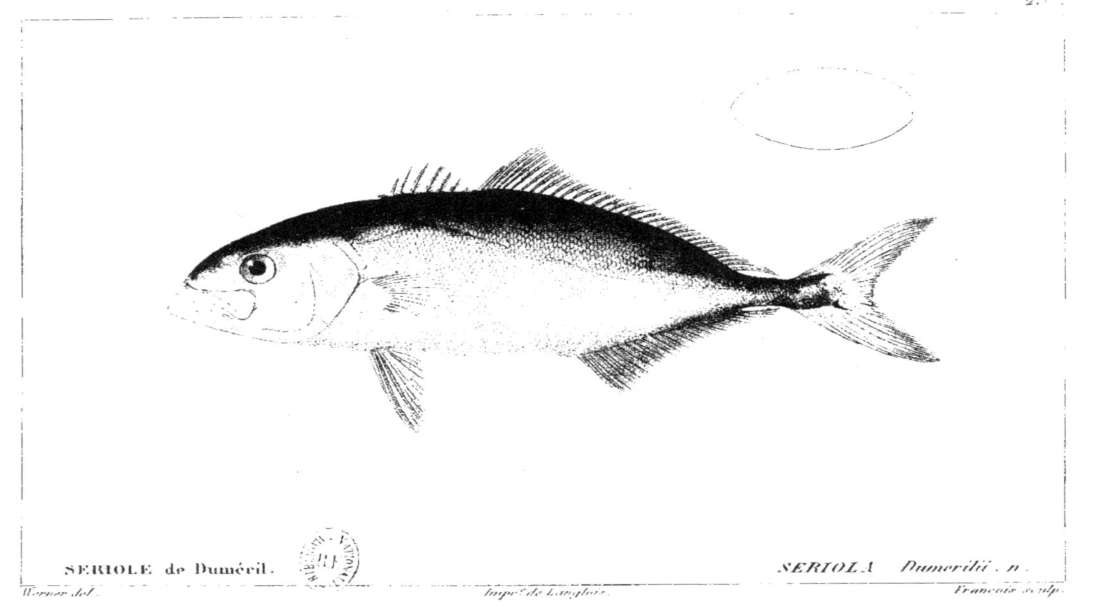

SERIOLE de Duméril. — *SERIOLA Dumerilii. n.*

Werner del. — *Impr. de Langlois.* — *François sculp.*

250.

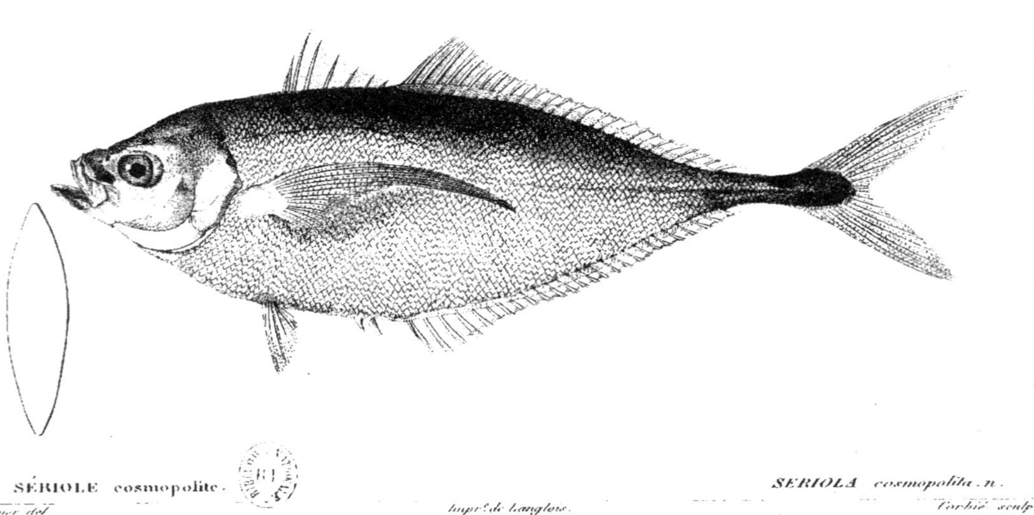

SÉRIOLE cosmopolite. *SERIOLA cosmopolita. n.*

Werner del. *Impr. de Langlois.* *Corbié sculp.*

26.

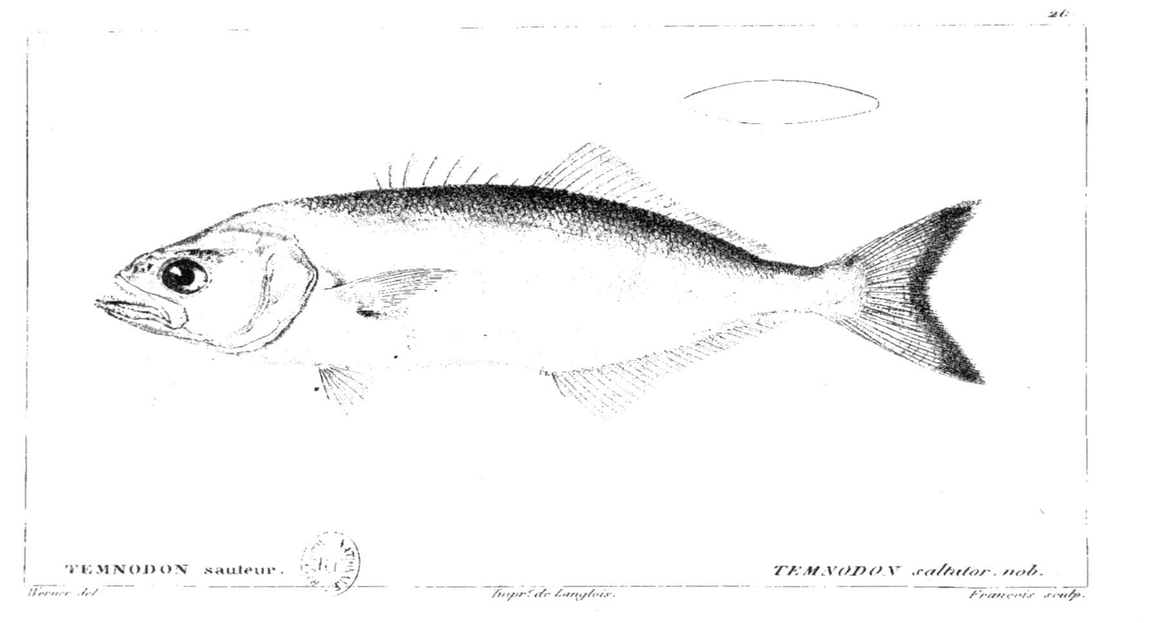

TEMNODON sauteur. — *TEMNODON saltator. nob.*

Werner del. — *Impr. de Langlois.* — *François sculp.*

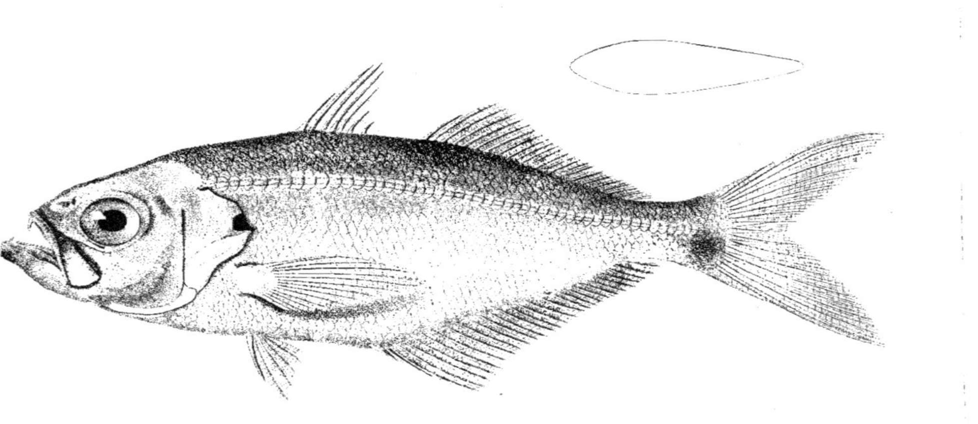

SÉRIOLE peche lait. *SERIOLA lactaria. n.*

Werner del. *Impr. de Langlois.* *Pedretti sculp.*

262

SÉRIOLE aux taches argentées.

SERIOLA argyromelas. n.

Werner del. *Impr. de Langlois.* *Corbié sculp.*

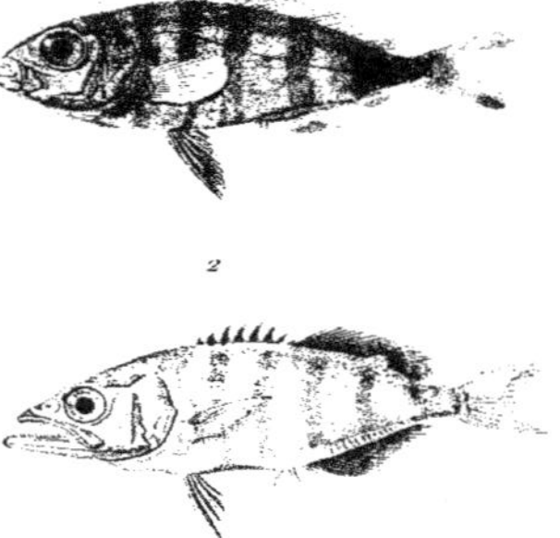

1. NAUCLÈRE comprimé.
NAUCLERUS compressus nob.

2. PORTHMÉE argenté.
PORTHMEUS argenteus nob.

Werner del. *Impr.ie de Langlois* *Pierre sculp.*

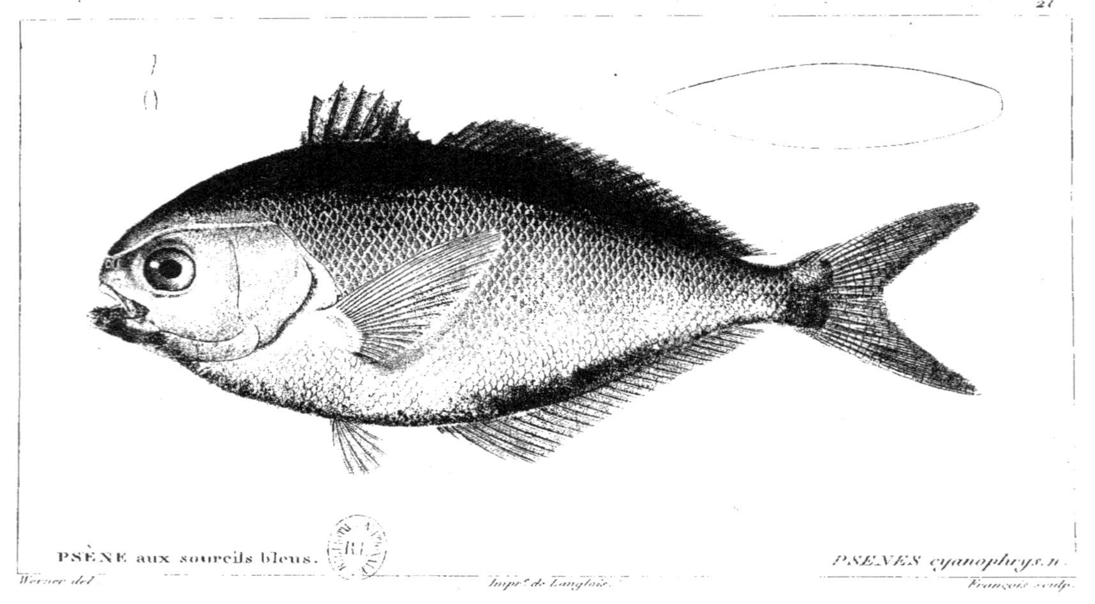

PSÈNE aux sourcils bleus. — PSENES cyanophrys. n.

Werner del. — Impr. de Langlois. — François sculp.

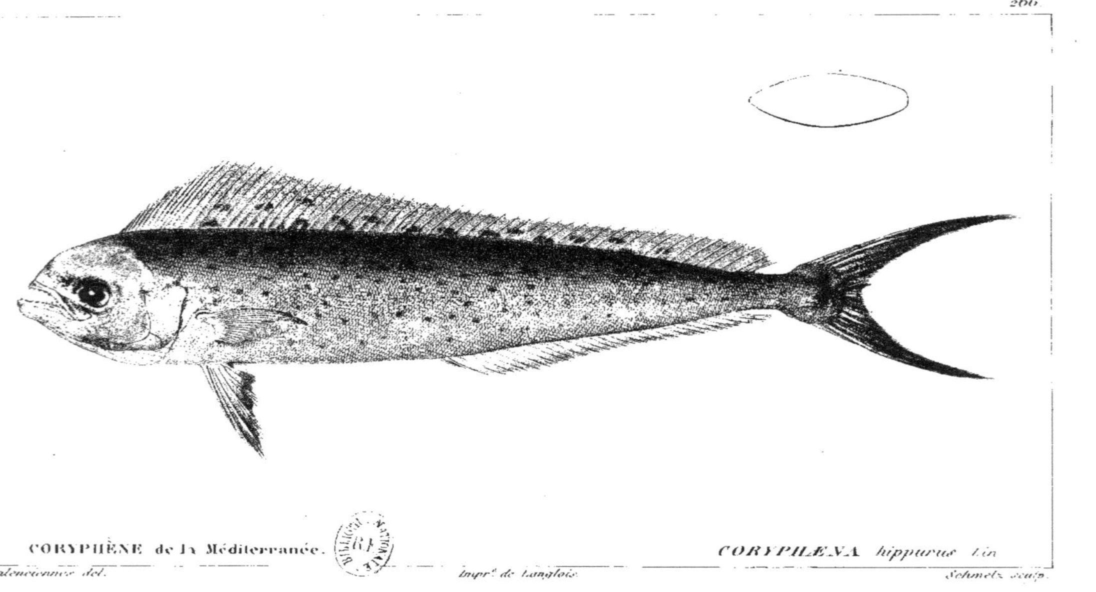

CORYPHÈNE de la Méditerranée. CORYPHÆNA hippurus Lin.

Valenciennes del. Impr.e de Langlois. Schmelz sculp.

CORYPHÈNE équiset. CORYPHÆNA equisetis Linn.

Werner del. Impr.e de Langlois. Pierre sculp.

268.

LAMPUGE de Sicile. — *LAMPUGUS siculus nob.*

Werner del. — *Impr.ᵉ de Langlois.* — *Pierre sculp.*

269.

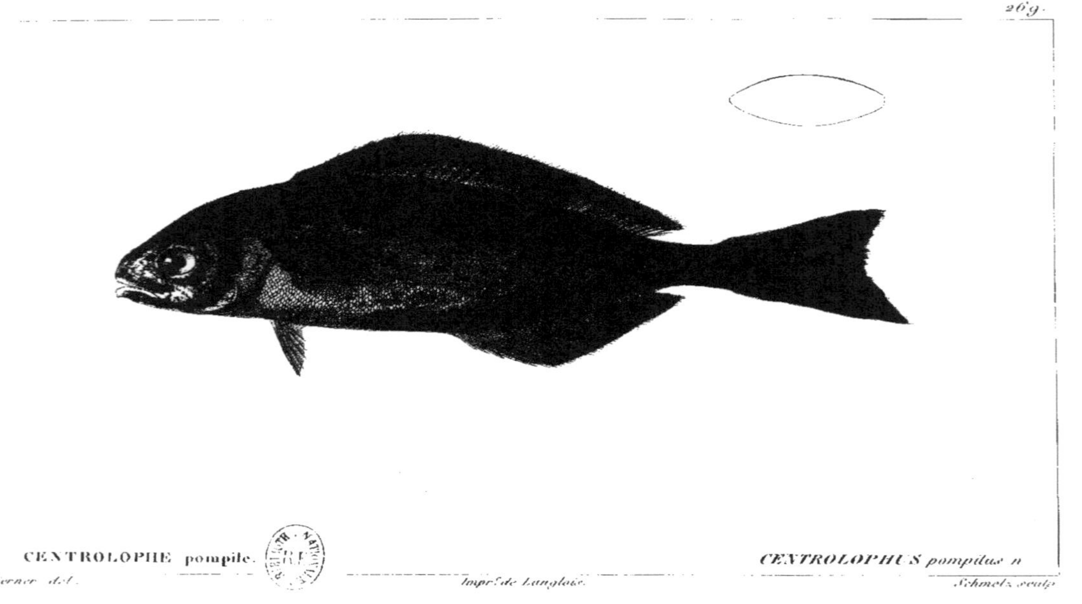

CENTROLOPHE pompile. *CENTROLOPHUS pompilus n*

Werner del. *Impr.ie de Langlois.* *Schmelz sculp.*

270.

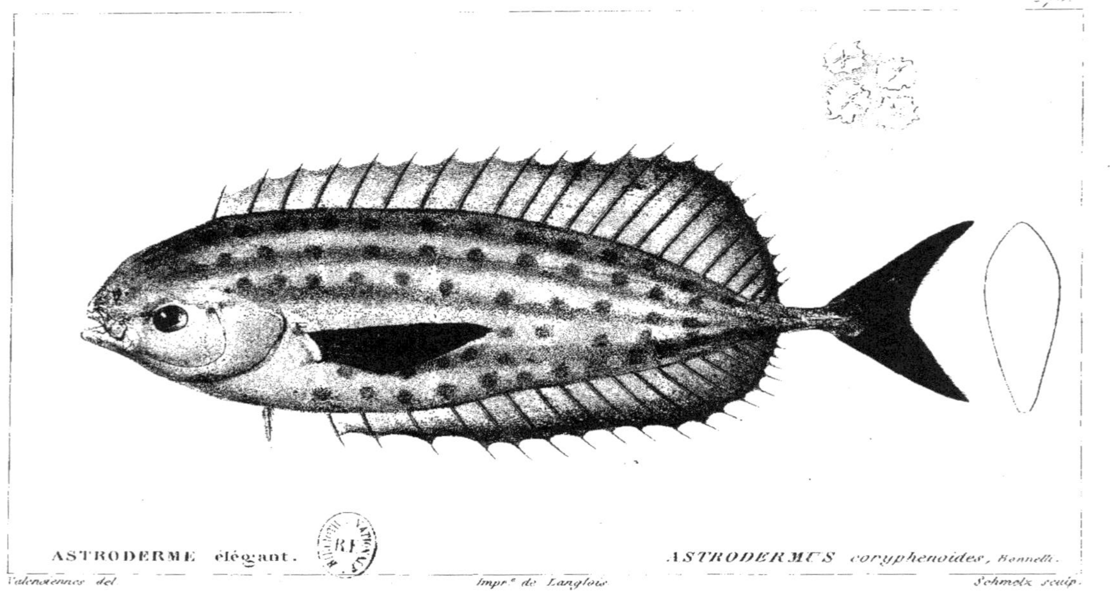

ASTRODERME élégant. *ASTRODERMUS coryphenoides, Bonnelli.*

Valenciennes del. *Impr.e de Langlois* *Schmelz sculp.*

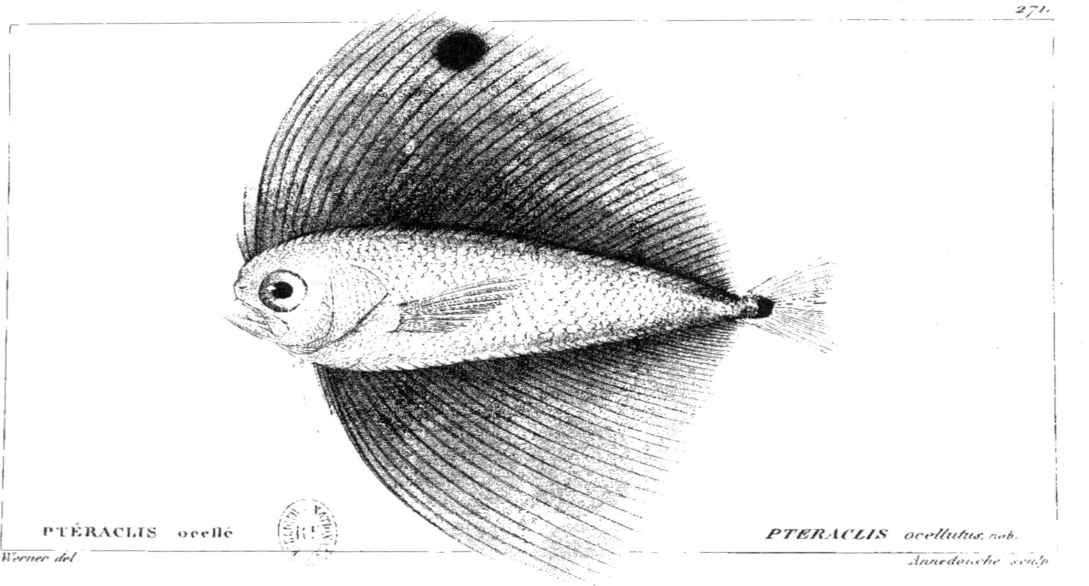

PTÉRACLIS ocellé

PTERACLIS ocellatus, nob.

Werner del. *Annedouche sculp.*

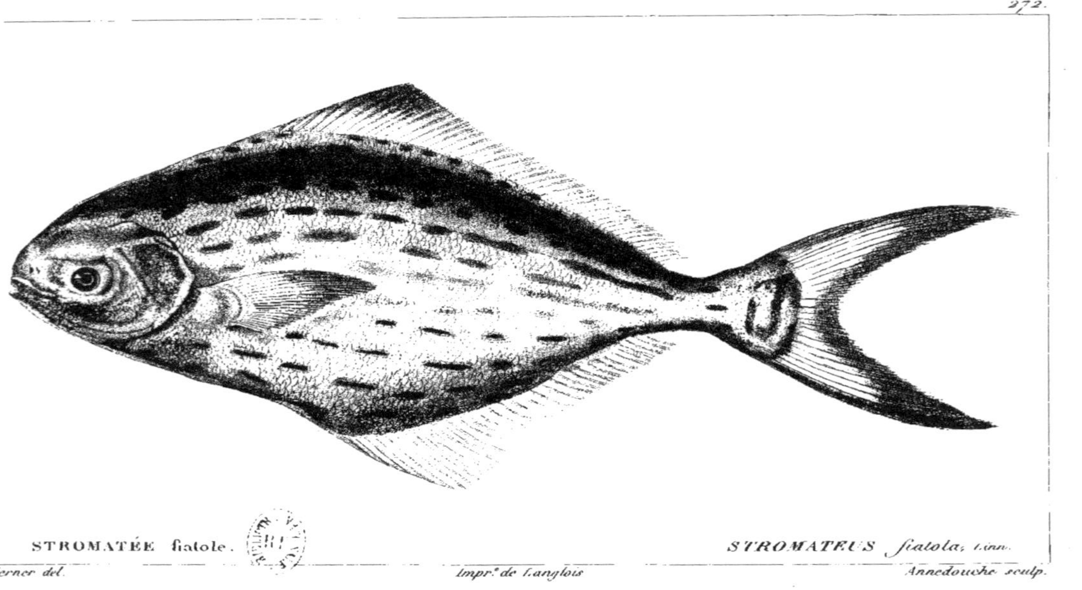

STROMATÉE fiatole. STROMATEUS fiatola, Linn.

Werner del. Impr.e de Langlois Annedouche sculp.

273.

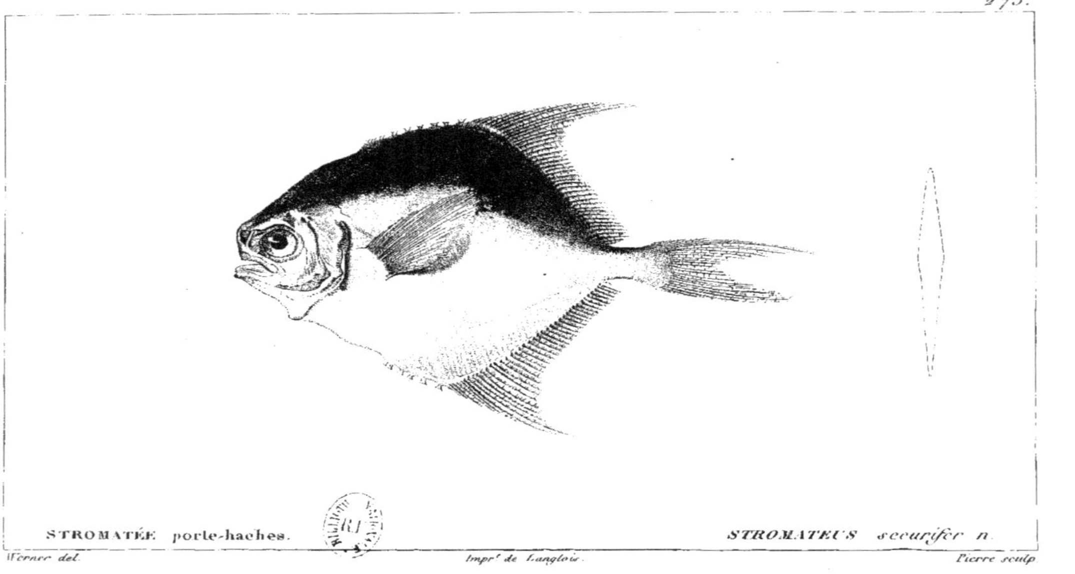

STROMATÉE porte-haches. *STROMATEUS securifer n.*

Werner del. *Impr. de Langlois.* *Pierre sculp.*

274.

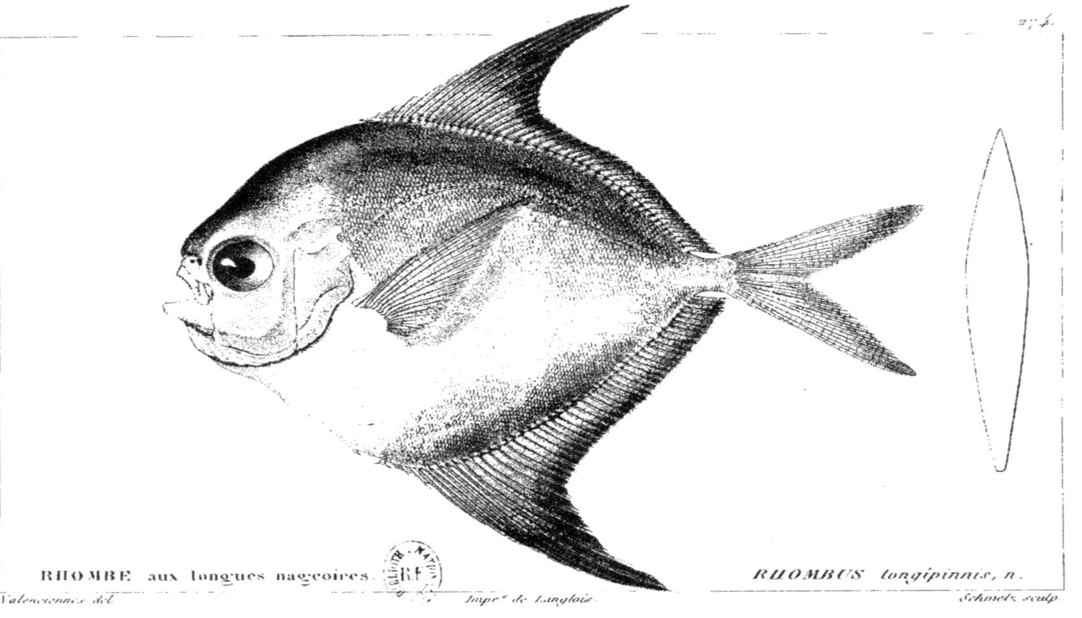

RHOMBE aux longues nageoires. *RHOMBUS longipinnis, n.*

Valenciennes del. *Impr.ᵉ de Langlois.* *Schmetz sculp.*

RHOMBE crénelé. *RHOMBUS crenulatus, nob.*

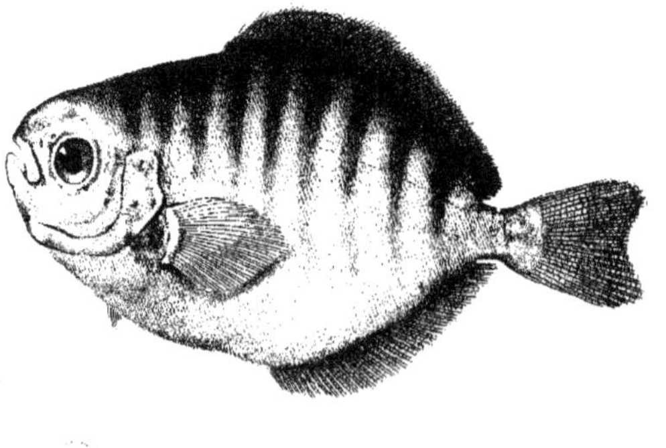

SESERIN aux petites ventrales. *SESERINUS microchirus, nob.*

Werner del. *Impr.e de Langlois* *Annedouche sculp.*

277.

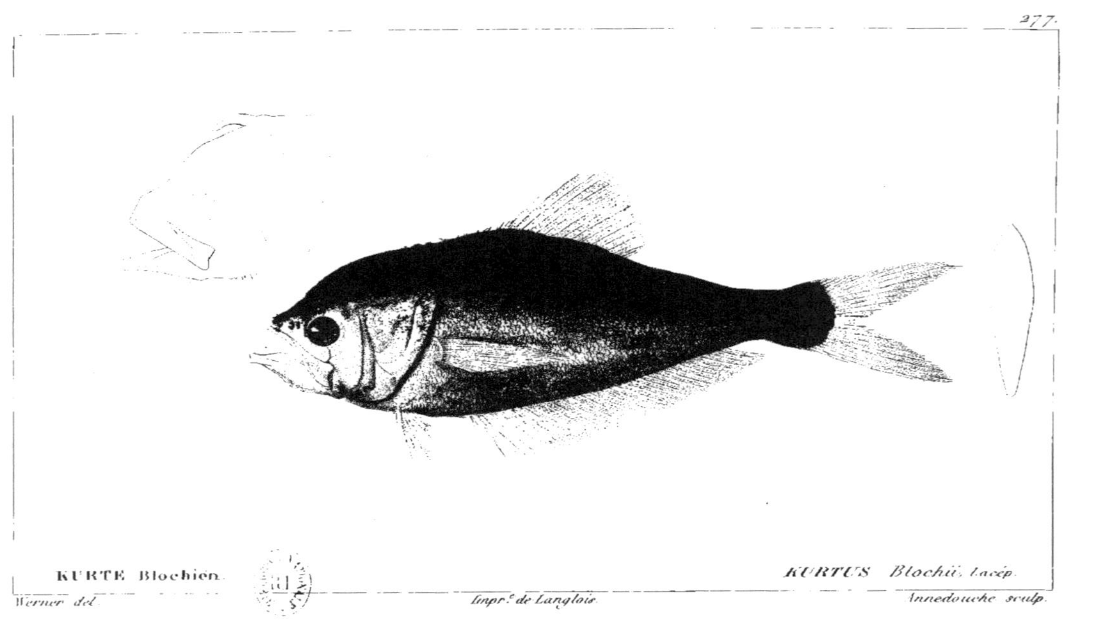

KURTE Blochien. *KURTUS Blochii, Lacép.*

Werner del. *Impr.e de Langlois.* *Annedouche sculp.*

APHRÉDODÈRE bossu. *APHREDODERUS gibbosus. Lesueur.*

Werner del. *Impr.e de Langlois.* *Pedretti sculp.*

LATILE jugulaire. LATILUS jugularis nob.

Werner del. Impr.e de Langlois. Pierre sculp.

www.ingramcontent.com/pod-product-compliance
Lightning Source LLC
LaVergne TN
LVHW020553230826
846091LV00002B/478

* 9 7 8 2 3 2 9 3 4 2 7 2 6 *